地球的外貌

走进地理世界丛书

ZOUJIN DILI SHIJIE CONGSHU

本书编写组 ◎ 编

世界图书出版公司
广州·北京·上海·西安

图书在版编目（CIP）数据

地球的外貌/《地球的外貌》编写组编著. —广州：
广东世界图书出版公司, 2009.12 （2024.2重印）
ISBN 978-7-5100-1436-9

Ⅰ. ①地… Ⅱ. ①地… Ⅲ. ①地貌学-青少年读物
Ⅳ. ①P931-49-49

中国版本图书馆 CIP 数据核字（2009）第 217009 号

书　　名	地球的外貌 DIQIU DE WAIMAO
编　　者	《地球的外貌》编写组
责任编辑	康琬娟
装帧设计	三棵树设计工作组
出版发行	世界图书出版有限公司　世界图书出版广东有限公司
地　　址	广州市海珠区新港西路大江冲 25 号
邮　　编	510300
电　　话	020-84452179
网　　址	http://www.gdst.com.cn
邮　　箱	wpc_gdst@163.com
经　　销	新华书店
印　　刷	唐山富达印务有限公司
开　　本	787mm×1092mm　1/16
印　　张	10
字　　数	120 千字
版　　次	2009 年 12 月第 1 版　2024 年 2 月第 12 次印刷
国际书号	ISBN　978-7-5100-1436-9
定　　价	48.00 元

版权所有　翻印必究

（如有印装错误，请与出版社联系）

前 言
PREFACE

　　地球是我们人类居住的地方。它有 5.1 亿平方千米的辽阔面积，相当于我国面积的 53 倍，这样巨大的星球，在无边无际宇宙中却是一个小小的行星而已，然而就是这颗小小的行星，它以自己独特的自然环境、地理地貌孕育出千姿百态的生命。随着地球上生命的诞生，这里才变成了一个生机勃勃的世界，人类出现以后，地球更闪现出智慧的光芒。

　　地球诞生于 45.4 亿年前，而生命诞生于 10 亿年内。从那以后，地球的生物圈改变了大气层和其他环境，使得需要氧气的生物得以诞生，也使得臭氧层形成。臭氧层与地球的磁场一起阻挡了来自宇宙的有害射线，保证了陆地上的生物的安全。

　　地球的表面被分成几个坚硬的部分，或者叫板块，它们以地质年代为周期在地球表面移动。地球表面大约 71% 是海洋，剩下的部分被分成洲和岛屿。液态水是所有已知的生命所必需的，但现在并没有发现在所有其他星球表面存在。在时间之刃的切割下，地球不断地改变着自己的面貌，让自己负载的生命散发着延绵不断的生机，那些美丽的山川、蜿蜒的河流、宁静的湖泊、险峻的山峰、辽阔的平原、蔚蓝的大海、广袤的沙漠，这些组成了地球的外貌；五彩缤纷的植物和千奇百怪的动物共同构成了地球上形形色色的居民；美丽的地球往往又变幻莫测，地震、火山爆发展现出它狰狞的一面，这一切都吸引着人类去探索。

　　本书主要为青少年读者们讲述关于地球地貌的故事。地貌即地球表面各种形态的总称，也叫地形。地表形态是多种多样的，成因也不尽相同，是内、外力地质作用对地壳综合作用的结果。内力地质作用造成了地表的起伏，控

地球的外貌
DIQIU DE WAIMAO

制了海陆分布的轮廓及山地、高原、盆地和平原的地域配置，决定了地貌的构造格架。而外力（流水、风力、太阳辐射能、大气和生物的生长和活动）作用，通过多种方式，对地壳表层物质不断进行风化、剥蚀、搬运和堆积，从而形成了现代地面的各种形态。

　　本书采用生动的语言、丰富的图片，向读者朋友揭开地球千姿百态的地貌风情，是广大青少年学习、掌握科学知识不可多得的良师益友。

目录

关于地球的常识

太阳系与地球 …………………………………… 1
地球的起源与演化 ……………………………… 4
古人对地球的认识 ……………………………… 26
地球的形状 ……………………………………… 28
地球的经纬 ……………………………………… 30

地球大气圈和水圈

大气圈的演化 …………………………………… 32
大气圈的厚度与构造 …………………………… 35
辽阔的地球水圈 ………………………………… 39
丰富的水量 ……………………………………… 42
地球水循环 ……………………………………… 43

地球上的生命

地球植物概述 …………………………………… 46
地球上的地带性植被 …………………………… 47
地球上的非地带性植被 ………………………… 52
地球动物概述 …………………………………… 54

千姿百态的地球风貌

什么是地球风貌 …………………………… 61
地球上的山 ………………………………… 63
地球上的高原 ……………………………… 69
辽阔的平原 ………………………………… 74
地球上的海洋 ……………………………… 77
地球上的河流 ……………………………… 92
河口平原 …………………………………… 101
干渴的沙漠 ………………………………… 109
冷冻的冰川 ………………………………… 116
富饶的盆地 ………………………………… 123
漂浮的岛屿 ………………………………… 131
连通海洋的海峡 …………………………… 142
南极与北极 ………………………………… 148

关于地球的常识
GUANYU DIQIU DE CHANGSHI

地球是太空中惟一不需太空探测船即可认识的星体，但是直到20世纪我们才真正勾勒出地球的全貌。地球是太阳系八大行星之一，按离太阳由近及远的次序是第三颗，位于水星和金星之后；在八大行星中大小排行是第四。在浩瀚的宇宙中，地球就像是广阔原野上的一粒灰尘，但是它的形成和发展却经历了十分漫长的过程。地球还是目前人类所知道的惟一一个存在生命体的星球。也是太阳系中直径、质量和密度最大的类地行星。

太阳系与地球

太阳是银河系里离我们最近的一颗恒星。它是一个巨大的圆球，直径有140万千米，质量约为 2.0×10^{30} 千克。然而这个既大又重的太阳，在地球上看起来，却跟"盘子"差不多，这是因为太阳离地球的平均距离约有 1.5×10^{15} 千米，按照目前科技水平，如果到太阳上去，乘最快的飞机也得20年。

在太阳周围有许多行星、彗星和流星等围绕着它运转。太阳连同围绕它运转的这些星体，组成一个系统，我们叫它为太阳系。太阳系就是以太阳为中心的天体组织。因为在太阳系的全部天体中，太阳的质量特别大，它相当

地球的外貌
DIQIU DE WAIMAO

于太阳系其他天体质量总和的750倍。

太阳除25天自转1周外,还带动整个太阳系的成员,以每秒20千米的速度,向着银河系中的人马星座移动。

太阳系

在太阳系里,有成千上万的其他星体围绕太阳运转,其中最大的有8颗行星,它们是:水星、金星、地球、火星、木星、土星、天王星、海王星。在地球上,我们用肉眼只能看到水星、金星、火星、木星和土星,其他几颗行星因离开我们较远,用肉眼看不到。这些行星本身都不发光,我们之所以能够看见它们,是它们反射太阳光的缘故。由于它们不停地绕太阳运转,所以都称它们为行星。

对八大行星,根据它们的各种特性进行比较,大致可分为两大类型:一类是离太阳较近的水星、金星、地球和火星,称"类地行星",它们的特征是,体积小、质量小、密度大、自转慢、卫星少(总共只有3颗),表面温度高。一类是离太阳较远的木星、土星、天王星、海王星,称"类木行星",它们的特征是,体积大、质量大、密度小、自转快、卫星多(总共有29颗),表面温度低。

太阳系里除八大行星以外,还有若干小行星,目前已发现的有1600多颗,它们是和地球、火星等一样的天体,只是体积很小。最大的小行星直径不过800千米,最小的直径只有1千米左右,其全部质量总和还不及地球质量的千分之一。它们绝大部分在火星和木星轨道之间的广阔空间中运动。

彗星也是围绕太阳运转的天体。由于它的外形拖着一条长尾巴,所以通常叫它"扫帚星"。因为我们看到彗星的机会比较少,人们对这种自然现象又不理解,历代封建统治阶级就以彗星的出现,当做不祥之兆,来愚弄群众,巩固其统治地位。其实,彗星也是太阳系中的成员,它和行星一样,按一定的规律运行。彗星绕太阳运行一周需要几年、几十年,甚至更长的时间,当它运行到离太阳比较近的时候,我们才容易看到它。彗星的形状很特别,可分为彗核、彗发和彗尾3个部分。彗核由比较密集的固体质点组成,其周围的云雾状光辉叫做彗发,彗核和彗发总称为彗头,彗尾是由一些稀薄的气体所组成,形状像扫帚,它是在彗星接近太阳的时候,受到太阳光的压力才形成的。

除了彗星以外,在太阳系里还有无数的小星体、尘埃、微粒和气体,它们也绕着太阳运转。有时有极小的星体闯入地球大气层,这时在夜空就会有一划而过的亮光,人们称之为流星。这些流星体其实就是星际物质,一般体积很小,在它们还没有落到地面的时候,就已经在大气中因剧烈的摩擦而燃烧殆尽了。少数较大的流星残骸落到地面,就成了陨石。

蓝色星球——地球

我们居住的地球是太阳系中的1颗行星。它的直径约12700千米,体积约1.1×10^{20}立方千米,质量约6.0×10^{21}吨。地球除围绕太阳运行外,自身也在不停地转动。围绕地球转动的有一颗不会发光的卫星,它就是月球,它绕地球1周是28.32天。月球除公转外,还在不停地自转。由于太阳、地球、月球都在不停地转动,有时候,月球转到太阳和地球之间,正好把太阳射到

地球的外貌
DIQIU DE WAIMAO

地球上来的光挡住了,我们将月球遮住太阳的现象叫做"日食"。有时候,地球在太阳和月球之间,正好把太阳射到月球上的光挡住了,我们将地球影子映在月球上的现象叫做"月食"。

地球的周围被大气层包围着,其中78%是氮,21%是氧,还有1%是水汽、尘埃和稀有气体。构成地球的主要物质是氮、氧、硅、钠、镁、铝、钙、碳和铁等,这些物质形成了空气、水、砂土和岩石等。地球的表面有高低不平的海洋和大陆。由于在地球上有空气、水和适宜的温度,很早以前,地球上就出现了生命。

子午圈

子午圈是地平坐标系或赤道坐标系中的大圆,即在地平坐标系中经过北天极的地平经圈,或在赤道坐标系中经过天顶的赤经圈。它是地平坐标系和第一赤道坐标系中的主圈。子午圈是天球上经过北天极、天顶、南点、南天极、天底和北点的,并与天球相交的大圆。天体运动经过子午圈称为中天。

地球的起源与演化

一、地球的起源

在科学还没有发达的古代,人们对地球的起源问题,要想得到正确的解答是不可能的。他们往往凭着主观猜测给予某些解释。剥削阶级为了维护自己的反动统治,竭力把地球说成是神明创造的。在我国古代,曾流传着盘古氏开天辟地的神话。说盘古氏生于天地混沌之中,后来,他用神斧把天地劈成两半,分成上天、下地。所有日、月、星、辰、风、云、田地、草木、金石,都是在他死后由身体各部分变成的。西方唯心论者也曾宣扬,是上帝用了6天时间创造了世界万物。这些神话传说只不过是人们对地球起源的美好猜想，毫无科学根基。

1755年德国人康德在他的《宇宙发展史概论》一书中，第一个提出了太阳系起源的假说。他认为：所有的天体都是从旋转的星云团产生的。太阳系是由原始弥漫物质——星云所形成的。1796年，法国人拉普拉斯也提出了太阳和行星是从庞大的气体星云中形成的看法。由于他们两人的假说基本观点相同，所以，后来人们把康德和拉普拉斯假说，统称为"星云说"。康德和拉普拉斯的星云假说，对太阳系中各星体的形成作了详细阐述。他们认为：在宇宙空间，不仅存在着繁多的、闪闪发光的星星，而且还存在着种种浓度不同、成因不一、灼热的旋转气体团——原始星云。这种原始星云就是形成太阳、地球等天体的原始物质。原始星云当初占有比现在太阳系范围还要大的空间。原始星云的质点有的地方比较浓密，有的地方比较稀疏，质点与质点之间相互吸引着，较大较密的质点把周围较小较稀的质点吸引过来，使得原始星云的中心部分变得越来越密。这个中心部分密实而周围稀疏的庞大星云，在缓慢的转动中不断放热、冷却、收缩，因而使转动的速度也相应地不断加快，离心力也随着愈来愈大。在不断增强的离心力的影响下，星云变成了一个像铁饼形状的扁平体。随着饼状星云体的进一步冷却、收缩和旋转速度的增加，赤道部分不断增大的离心力，使饼状星云边缘部分的物质脱离星云体而形成一个类似土星那样的环。星云继续冷却，里面部分便继续收缩，这种分离过程一次又一次地重演，就形成了第二个环、第三个环，直至与行星数目相等的环。每一个环都大致处在现在某一个行星的轨道上，中心部分就收缩成为太阳。各个环以同一方向环绕着太阳旋转。各个环内的物质分布也是不均匀的，它们有稀有密。较密的部分把较稀的部分吸引过去，逐渐形成了一些集结物。由于互相吸引，小集结物又合成了大的集结物，最后就形成了地球等行星。刚形成不久的行星还是炽热的气体物质，因冷却、收缩、自转速度增加，又可能分出一些环来，这些环后来就凝聚成了卫星。像地球的卫星——月球就是这样形成的。

"星云假说"在地球起源理论中，对人们的思想有着很深远的影响。所以在整个19世纪内，一直被看作是肯定了的科学业绩。在那种科学还深深禁锢

地球的外貌

在神学之中的时代里，康德、拉普拉斯敢于冲破上帝创造世界，否定了以为世界是一成不变的形而上学的观点，确实是科学上一个很大的进步。但是，"星云说"并不是完美无缺的，康德虽有自发的唯物论倾向的一面，但又有科学向宗教妥协的一面，他把形成地球的原始物质的运动看成是从虚无飘渺中产生的，给上帝留了一个位置，这又完全是唯心的。随着科学的不断发展，现在人们也不能把"星云说"全部地接受下来。

20世纪开始以来，一些帝国主义御用的学者就抓住了"星云说"还不能解释的某些问题，对它进行了种种非难。他们抛弃了"星云说"中所主张的行星系统是从统一旋转着的弥漫物质中形成的这一可贵思想，而另外提出了太阳系起源假说。近几十年来，先后提出的太阳系起源假说就有30余种。其中有一类被称为"灾变说"的，认为行星是由某种外力干涉而从已经存在的太阳上分离出来的。如20世纪20年代英国人金斯所提出的潮汐分裂说，就是其中较流行的一种。据他说：大概在20亿年以前，宇宙间突然有一颗巨大的恒星向着太阳冲来，到了太阳近旁时，靠着它的强大吸引力，从太阳表面拉出一股雪茄烟状的气体物质流。这条气体物质流在它自身的引力作用下，凝聚、分裂成好几个圆球团，各个圆球团在自己的轨道上绕太阳旋转，这就形成了地球等行星。新形成的行星，又以相同的过程形成了卫星。所不同的是，从行星上拉起一条气体物质流的作用力，不是那颗突然冲来的恒星，而是太阳自己。

金斯假说提出之后不久，就受到许多人的批驳，指出他的假说完全没有科学根据，因而不久就被大家所抛弃。

继而，又出现了风靡一时的"俘获说"。"俘获说"认为行星等天体不是太阳的"孩子"，而是独立的构成体；地球从来就没有同其他行星及太阳成为一个整体过；地球及行星等是太阳在星际空间运行途中俘获了星际物质而形成的。如：前苏联人施密特的"地球起源假说"就是俘获说中较后起而又较流行的一种。它认为：宇宙星际空间分布着一种由固体尘埃和气体组成的巨大的宇宙云——星云。在60亿~70亿年以前，太阳在宇宙运行中，遇着了一大团宇宙云。太阳穿过这团宇宙云，由于条件的巧合，"俘获"了其中的一部分物质，并迫使这一部分物质围绕太阳旋转起来，后来，这些物质就凝聚成为地球及其他行星。同时在增长着的行星周围，形成了卫星。

关于地球和太阳系起源还有许多假说，如碰撞说、潮汐说、大爆炸宇宙说等。自20世纪50年代以来，这些假说受到越来越多的人质疑，星云说又跃居统治地位。国内外的许多天文学家对地球和太阳系的起源不仅进行了一般理论上的定性分析，还定量地、较详细论述了行星的形成过程。

二、地球的演化

地球自形成到现在，有多大岁数呢？这个问题，直到现在还没有一个统一的认识。

在18世纪中叶，有人根据地球是由炽热的太阳物质凝聚而成的假说，研究了炽热铁球的冷却速率，推算出了地球的年龄约为7万年。到了19世纪时，又有人用沉积速率估计个别地质时代长短的方法，推算出地球的年龄在几千万年到几万万年之间。直到20世纪，发现了放射性元素的固定不变的衰变速率后，才为测定地球年龄提供了较可靠的依据。近几十年来，用这种方法测定的最古老的矿石年龄是20亿~25亿年，如我国辽宁省鞍山群里的岩石是21.3亿~23.6亿年。20世纪40年代英国人霍尔姆斯用钠变化为铅的速度规律，推算出地球的年龄约为35亿年，并且还提出了地球的年龄与地壳的年龄相等的看法。但是，进入20世纪50年代以后，用这种方法，目前人们已经测出南极洲的一种岩石已有40多亿年了。我国辽宁鞍山地区也发现有33亿~34亿年前的岩石。测定地球的年龄主要用铅、铀和钍。据测定，地球的年龄为46亿年。20世纪60年代末，经过对美国阿波罗号探月飞行带回的月球岩石样品进行测定，月球年龄为44亿~46亿年，所以，地球的年龄为46亿年是目前大多数人公认的年龄值。但它并不是定论了的值，随着科学技术的发展，说不定会出现另一个更为接近、能被大家都能接受的年龄值来。

（一）前古生代时期

从地球形成到5.7亿年，这个时期可以笼统地叫做前古生代时期，一般也叫前寒武纪，这是因为古生代的最早的纪叫寒武纪。

前古生代的前期是地球的童年时期。从距今30亿年左右起，有确切的证

地球的外貌
DIQIU DE WAIMAO

据说明地壳中先后出现了小块的稳定陆核。重要的是这些陆核的稳定性一直保持到现代，起着稳定大陆核心的作用。从距今 30 亿年左右起，地球已经进入了自己的青少年时期，大气、水、生物各圈层都有很大发展，逐步演变到了和现代相近的情况，真正的地质作用，包括内外营力两个方面，都已经开始。

在世界各地的前古生界岩系里，蕴藏有极重要的矿产资源，如许多国家著名的铁矿、金矿和铀矿，都在这个时期形成。

前古生代早期的岩石，因为形成的时代很久远，一般都饱经沧桑的变化，它们的本来面目已经不容易辨认。这一时期的代表性岩石组合有两类：一类是片麻岩，是一种由石英、长石、云母等矿物组成的、经历程度比较深的变质作用而形成的岩石。另一类以绿色片岩作为代表，是古老火山作用的产物，经历过中等程度的变质作用。我们刚刚提到的矿产，主要跟后一类岩石组合有关。

前古生代岩石地貌

古老岩石构成稳定大陆的基底，支撑着后来形成的一层层沉积岩石。相对于基底来说，后来形成的沉积岩石也叫盖层。

这些古老的变质岩系还是许多山脉的核心,如我国境内的泰山、嵩山、恒山、五台山等的核心就都是由它们构成的。

所以,古老岩系可以说是大陆的骨干和核心,正是它们对大陆的地质演变起着一定的控制作用。

前面我们提到,地球在此阶段是以最早出现小块陆核作为标志的。后来的大陆就是由陆核逐渐扩大而成的。

各大陆是怎样由陆核逐渐扩大的呢?

现在让我们用研究程度比较好的北美大陆做例子,来说明一下这个问题。

下图是北美大陆不同年龄的古老岩石的分布图。这张图给读者一个清晰的概念,就是年龄最老的岩石占据大陆的中部(竖线区),它们被年龄比较小的岩石所环绕(横线区),越向外去,岩石的年龄越小,这样一圈圈扩大开去。岩石年龄这样有规律的分布证实了北美地质学家早就提出的大陆扩大理论,就是大陆在地质演变的过程中由中心向外一圈圈地增生,使大陆不断扩大。

北美大陆演变的模式给人以启发。其他大陆是否也按照这种方式形成的呢?

现在了解到,其他大陆上不同年龄岩石的分布虽然不像北美大陆那样有规则,但是总可以找到年龄比较小的岩石环绕着陆核或分布在陆核之间的情况。这说明大陆扩大的理论具有一定的普遍意义。

在距今17亿年左右,地球经历了一次最有意义的稳定大陆的形成事件。经过这次事件以后,大陆差不多都接近了它们现在的规模。然

北美大陆不同年龄的古老岩石分布

而这些新形成的大陆岩石圈还比较薄弱,也没有达到真正的稳定。有人把这个时期的大陆岩石圈叫做原地台,意思是想区别于以后的真正的地台。所谓地台就是地壳上比较稳定的地区,和地壳上强烈活动地区的所谓地槽相对立

地球的外貌

而存在。在原地台内部和周边还发育着长条形的活动区域，也就是地槽。

为什么说在距今17亿年左右，地球经历了一次最有意义的稳定大陆的形成事件呢？

原来，从全世界大陆增长的过程来看，自从距今30亿年左右最初的陆核形成以来，稳定大陆增长的速率是比较缓慢的。

随着地质历史的进程，稳定大陆增长的速率有加快的趋势。到了接近距今17亿年左右的时期，稳定大陆的面积在相对比较短的历史阶段里大大增加，给人以突然的印象。

如果我们再看一看距今17亿年以后的情况，发生在距今17亿年左右的这个稳定大陆增长事件就更显得突出。因为从距今17亿年以后直到现代，稳定大陆的面积虽然还有所增加，但是增加的规模已经很小了。

稳定大陆增长的这种规律性无疑不是偶然的。但是到目前为止，地学界对这个问题的讨论还不多，也没有找到解释这一规律的一致认识。

对稳定大陆增长规律的认识在地球演变历史的研究中应该是具有头等重要意义的，因为地球演变历史中古地理、古气候的变迁，生物界的演化，乃至水圈、大气圈的演化，无不受岩石圈演变的影响和支配。

稳定大陆增长规律看来主要是由地球演变的内能所决定的。距今17亿年所形成的原地台还比较薄弱，也没有达到真正的稳定。又经过了几亿年的时间，原地台才渐渐稳定下来。从此以后，地球进入了真正的稳定地台和活动地槽两种体制并存的时期。从原地台到地台的转变时期是从距今17亿年到距今14亿年左右这段时期。这是地球岩石圈演变历史中相当重要的一个阶段。

不少地球科学家强调距今17亿年左右原地台形成事件在划分地球演变阶段中的重要意义，这当然是有理由的。不过距今14亿年左右是稳定大陆最终形成的时期，似乎有更加重要的意义。

从原地台到地台的转变过程，在地质学上常常叫克拉通化，克拉通就是古老稳定地台的意思。根据现在所掌握的资料看，原地台曾经多次被来自地球内部的力量所打碎，可是又不断被从下面来的岩浆物质所胶结，变得越来越厚，越来越稳定了。这个过程好比浮在水面上的一片片薄冰，随着气温的下降，变得越来越厚、越来越不容易破碎的状态。

距今14亿年左右以后，地球岩石圈的演变进入了一个新阶段，地台和地槽两种体制处在势均力敌的局面，从此以后，地球上层物质运动的形式也有所不同了。

(二) 古生代时期

1. **古生代时期的划分**

古生代，如果作为最古老生命的时代，那固然已经名不副实了；但是，从另外一种意义上来看，古生代还是反映了这个时期的特点：一方面，从古生代开始，生物界进入了空前繁盛的时期，数量之大，种类之多，确实是前所未有的；又因为从这个时期开始，大量出现了有钙质和硅质骨骼的生物，所以其中许多代表得以保存成很好的化石，成为古生物学家的研究对象。另一方面，综观这个时期的生物界，跟古生代以后的生物界面貌却又有很大不同，毕竟是属于古老生命的范围。

古生代时期包括距今5.7亿年到距今2.3亿年这段时期，持续3.4亿年。古生代跟前古生代相比要短得多，但是研究程度要比前古生代高得多。

古生代时期地层

地球到这个时期已经经历了几十亿年的演变，大气圈、水圈和岩石圈的物质组成和结构跟今天地球的情况相比已经差不多了。这个时期所发生的地质作用，无论是内力的还是外力的，跟今天地球表面和上层正在进行的相比，也已经很相近了。

古生界的地层总的说可以分为上下两部，就地质年代来说，也就是可以把古生代分成早晚两期。

早古生代包括寒武、奥陶、志留三个纪，从距今5.7亿~4亿年，持续1.7亿年。

晚古生代包括泥盆、石炭、二叠三个纪，从距今4亿~2.3亿年，持续时间跟早古生代相当。

2. 早古生代地台演变

在前古生代末期，从距今8亿~6亿年这段时期里，岩石圈经历了一系列变动。进入寒武纪以前，地球表面的大陆地势高峻，面积扩大，天寒地冻。

从寒武纪开始，以古陆作为核心的相对稳定区——地台区经过长期的夷平作用之后，地势逐渐趋向平缓；低洼的区域屡次遭到海水浸漫，广阔的浅海不断扩大；环绕着地台区或者位于地台区之间的，是相对活动的区域——地槽区，一般是或深或浅的海槽。

这个时期的地槽分布在古大陆地台的边缘，如北美地台的东西两侧、东欧地台的西缘、中国地台和西伯利亚地台之间、西伯利亚地台和东欧地台之间等，它们主要表现成海槽。

我们说到早古生代地台，这是一个地质构造概念，并不就是指早古生代的大陆，而是指在早古生代处在相对稳定状况的区域。当然相对稳定并不就是绝对不动，地台特别是它的边缘还是有相当的活动性的。

一般来说，地台是大陆规模的成片区域，由基底和盖层两部分构成。基底由古老变质岩组成，刚性比较大，对盖在上面的相对柔软的沉积层起着保护的作用。基底也并不是完整的一块，更不是完全僵死的，而是被断裂分割成若干块，块跟块之间存在着相对运动，比如有的块相对其他块上升，或者在水平方向上有相互错动等。显然，基底发生的运动会影响盖层。读者可以设想一个由几块木板拼起来的台子，上面铺了几层台布，如果木板之间发生相对移动，盖在上面的台布就会相应地产生隆起、凹陷、扭曲、褶皱甚至被撕破。这种情况和地台的运动相类似。

从世界上比较典型的地台来看，地台的运动相对地是比较弱的，以发生在地台内部的相对升降运动的幅度说，它还不及地槽区的1/10。不过地台边缘由于受到相邻地槽的影响，运动幅度一般比较大。

尽管寒武纪早期大陆地势陡峻，但是由于它内部的相对运动逐渐减弱，风化、剥蚀、搬运等外力地质作用渐渐占了上风。到了寒武纪中期，大陆和它邻近地区的地貌已经发生了显著的变化，一般比较均一化，比较低平了。地球表面高低差异减小，因而发生了大规模的海浸，大片的低平大陆被海水所淹盖。这种情况也影响了古气候，使它变得温和了。阳光灿烂的海滩、海水淹盖的大陆架和浅海空前广阔。

正是在这样的环境里，海洋植物和动物得到了稳定的生活条件，大大繁盛起来。寒武纪是地球上最早出现可供利用的煤的时期，如我国南方寒武纪岩层里的一种劣质煤叫石煤的，就是由生活在滨海、浅海的海生植物遗体大量聚集、石化而形成的。大量生物遗体的埋藏还形成了农用肥料——磷矿层。

地台内部的运动往往表现成大块大陆的升降运动。当大陆块缓缓上升的时候，它就成为高出海面不多的平原，当它缓缓下降的时候，又很容易遭到海浸，并且在海底上接受从陆地风化、剥蚀、搬运而来的沉积物。

例如，我国华北地区在早古生代时期的经历就是这样。当古华北地区陆块稍有下降，海平面相对升高，从现代的东海之滨到太行山区都是一片汪洋。当它稍有升高，海平面相对下降，广大的古华北地区又重新露出海面。从寒武纪到奥陶纪，这样的过程不知道经历过多少次，在这里渐渐沉积了几百米厚的碳酸钙质（石灰质）和泥质沉积物。在这些沉积物转变成岩的岩层里夹有许多层所谓龟裂灰岩，就是海底的淤积物常常露出海面发生干裂现象的极好证明。

从寒武纪到志留纪这段历史时期中，虽然在地台的某些局部曾经遭到过比较强烈的变动，但是从总体看，上面说的比较稳定的体制一直保持着。

到了志留纪末期，情况发生了变化。这时候在地台周围和地台之间的地槽区里先后发生了翻天覆地的变化，发生了所谓加里东运动的大变动。加里东运动这个名称来自英国的一个山名。

这场运动延续的时间是用百万年来计算的。而且就一个地区来说，运动还不只发生一次，这每一次在地质学上叫做幕，就像一个剧从序幕开始经过几幕达到剧终的情况那样，一个运动也是由几个幕组成的。

早古生代的地台因为受到加里东运动的影响，原来低平的地区重新被抬高，简单的地貌又变得复杂起来。大片的海水从地台上退去。初始基本上水平的沉积盖层，经过这场变动之后，有的地方发生了倾斜、褶皱，有的地方发生了断裂。然而地台的这些变动的强度远不及地槽区里岩层所发生的变动的强度。志留纪末期的运动使气候也重新变得严峻，同时也难免影响到生物界。

3. 早古生代地槽区演变

地槽是成长条形状的区域，它不像地台那样具有刚性基底的保护。

一般说来，地槽发育的早期表现是大幅度的下陷，在下陷的同时接受从上升地区剥蚀来的岩屑，再加上来自地下的火山物质，所以在地槽里往往有巨厚的堆积物，下陷幅度10倍于同期发育的地台区。

地槽发育晚期，强烈的构造运动能使地槽里的沉积岩层和火山岩层产生剧烈褶皱和断裂破坏，同时有大量来自地下的炽热岩浆侵入，形成规模很大的侵入岩，数量最多的是大家所熟悉的一种建筑石料——花岗岩。如果一部分岩浆沿着断裂上升到地表，就会形成壮观的火山爆发。

经过地槽晚期的强烈构造运动之后，地槽区从下陷海槽转变成了雄伟的山系——褶皱带，从此之后渐渐走向稳定。

以上就是地槽区演变的大体过程。

早古生代地槽经过加里东运动，转变成稳定的褶皱带，并且镶在地台边缘，这一情况可以英国的地槽作为代表。英国的加里东地槽位于古老的东欧地台的西北边缘，经过加里东运动之后，东欧地台向西北方向扩大了。另外一条类似的地槽褶皱带位于北美地台的东缘。在西伯利亚地台的南缘也有强大的由加里东运动形成的褶皱带，在我国的东南部和秦岭、祁连山、天山等地区也都有加里东皱褶带的发育。

4. 晚古生代地台和地槽区的演变

跟早古生代开始的时候情况相似，随着均夷作用的进行，地球表面的地势逐渐趋向和缓。从泥盆纪中期开始，在北半球的若干地区重新发生海浸，如我国的南方、前苏联的欧洲部分、北美大陆等地。经过泥盆纪晚期短暂的海退，到了石炭纪中期，海浸规模达到了最大。石炭纪晚期，海水又渐渐退去。

南半球的情况有所不同。泥盆纪早期，地台内遭到过短暂的海浸，中期海水已经退出，整个晚古生代，除某些边缘地区之外，地台内部没有再受到海浸。可见南半球地台的大部分长期处在稍稍隆起的状态。

泥盆纪时期，气候温暖，但是比较干燥。石炭纪时期，气候变得温暖潮湿。而到了二叠纪时期，气候又渐转干旱。

晚古生代的地槽区，在开始阶段接受了厚厚的沉积物和火山物质之后，从石炭纪晚期开始，先后遭到强烈构造运动的影响，转化成褶皱山系。运动此起彼伏，一直延续到晚古生代末期才最终完成。这个运动叫华力西运动，这个名称来自阿尔卑斯山脉中的华力西山。华力西运动也叫海西运动，这个名称来自德国的哈兹山。

华力西运动使位在欧洲和非洲之间的地槽、东欧地台和西伯利亚地台之间的乌拉尔地槽、西伯利亚、中亚和中国地台之间的广大地槽区、北美东缘的阿巴拉契亚地槽等都转化成褶皱山系，海水退出，使世界上最大的大陆——欧亚大陆连成一片。南半球大陆，随着周边地槽发展的结束，在晚古生代末期也有所扩大。

5. 大陆漂移和潘加亚大陆形成

大陆形成以后，它们的位置有没有发生过移动？就是说稳定地台除了存在差异性的升降运动（表现为海水的进退）以外，是不是还有大规模的水平位移？对待这个问题，地学界历来有两种截然对立的观点：

一种观点认为，大陆在地史时期只有面积的增大和缩小，位置没有发生过明显的水平方向的移动。这种观点叫做固定论。

另一种观点认为，被断裂分割成块的岩石圈曾经在软流圈上发生过大规模的水平运动，结果大陆块一再分裂和重新拼合，并且在这个过程中不断增大。这种观点叫做活动论。

按照活动论的观点,古生代开始的时候,在古欧洲和古北美洲之间曾经有过一个古大西洋。古大西洋的宽度虽然不得而知,但是至少它曾经阻隔了两边生物的沟通,看来宽度是不小的。古生代开始以后,古欧洲和古美洲两个陆块逐渐接近,到志留纪时期才碰在一起。相碰的力量引起了加里东运动。

类似的情况也发生在古欧洲和古非洲、古欧洲和古亚洲、古西伯利亚和古中国之间。到古生代末期,全球大陆块达到最大程度的互相接近。

以上的推测是根据近几十年来海洋地质和地球物理的研究所提出来的板块构造理论引申的。对于古生代时期大陆是否发生过大规模水平移动的问题,虽然还有少数学者仍然持怀疑态度,但是已经有不少地质、古生物、古地理和古地磁方面的证据支持这种推测。

在古生代末期,全球大陆块达到最大程度的相互接近,这就形成了全球的统一大陆,叫做潘加亚大陆。"潘加亚"一词是由魏格纳提出来的,潘加亚大陆意思是泛大陆。

潘加亚大陆的北半球部分,叫做劳亚大陆。"劳亚"是加拿大东南部一个地名劳伦斯和亚洲的缩合词。劳亚大陆也叫北方大陆,范围包括北美大陆和欧亚大陆(除印度和阿拉伯半岛)。

潘加亚大陆的南半球部分,叫做冈瓦纳大陆。"冈瓦纳"是印度中部一个地名。冈瓦纳大陆也叫南方大陆,范围包括南美洲、非洲、澳大利亚和印度半岛。

下面的图就是冈瓦纳大陆图。这是根据现在南半球相互分开的各大陆拼合成的。图中虚线所圈定的范围是根据各地石炭纪晚期和二叠纪早期的冰碛恢复出来的古大陆冰盖的位置,箭头的指向是根据冰碛的研究所确定的古冰流的方向。大家看到它们刚好从冰盖的中心指向边缘,这进一步说明,把大陆按照如图的方案拼合起来是合理的。更有意思的是,南美冰碛中的某些砾石竟来自远在几千里之外的非洲的西南部,如果这两个大陆不曾互相毗邻的话,这个事实简直就无法解释了。

在劳亚和冈瓦纳两古陆之间,有一个朝右方开口的三角区,这里是古地中海,叫做特提斯海。图上其他广阔的海域都是古太平洋。

冈瓦纳大陆的冰盖复原图

　　从以上所说不难看出,古生代时期大陆岩石圈演变的总趋势是继续扩大和连成一片。大陆的扩大主要是通过位于它边缘的地槽转化成褶皱带的过程实现的。古生代的褶皱带主要就是前期的加里东褶皱带和后期的华力西褶皱带。

　　到了古生代末期,大陆的总面积已经跟今天地球上的大陆总面积相差无几了。

(三) 中生代时期

1. 中生代时期的划分

　　中生代从距今2.3亿年开始,延续的时间大约1.6亿年,到距今6700万年结束。它处在古生代和新生代之间,所以叫它中生代。

　　中生代划分成3个纪:三叠、侏罗和白垩。

　　三叠纪这个名称是因为它的标准剖面在德国分做上、中、下3个部分而确定的。

"侏罗"这个名称来自法国瑞士间的侏罗山。

白垩纪是因欧洲这一时期的地层主要是白垩沉积而得名的。

三叠纪结束、侏罗纪开始的时间是距今1.95亿年,侏罗纪结束、白垩纪开始的时间是距今1.37亿年。

2. 超级大陆的解体

中生代开始以后,在地球史发展中出现了新的转折。

从前面的章节我们知道,古生代岩石圈演变的总趋势是稳定的地台区阶段性地扩大,而且在古生代末期,稳定的大陆连成了一片,形成了所谓潘加亚古陆——一个超级大陆。

可是到了中生代,潘加亚古陆又逐步解体了,各个陆块渐渐趋向于漂移到现代所处的位置。岩石圈又经历了一系列重要的变动。

中生代开始经二三千万年,到了三叠纪末期,在北美、南美之间和欧亚、非洲之间发生了分裂,此外,在南部的几个陆块之间也发生了裂缝,开始互相移开。

又过了五六千万年,到了侏罗纪晚期,各陆块进一步分裂。最值得注意的情况是,在北美和欧亚大陆之间、南美和非洲之间产生了一条大体上是南北方向的巨大裂隙,陆块向两边移开,海水浸进去。这就是以后的大西洋。

3. 海底扩张和环太平洋火圈形成

上面我们谈到中生代开始以后统一大陆的解体,后来又介绍了板块构造理论是怎样解释这个现象的。现在让我们来看一看,岩石圈板块发生大规模水平运动的时候在大陆边缘和内部引起了什么样的地质作用。

潘加亚大陆解体之后,先是出现了狭窄的大西洋和印度洋,以后这两个新生的大洋面积不断扩大,而原来统一的大洋——古太平洋的面积却不断缩小,好像环绕太平洋东西两侧的大陆一齐向着它挤过去似的。这就使位在古太平洋周围的大陆边缘发生强烈的火山和岩浆活动、沉积和随后的造山作用,这就是地学界科学家们早已密切注意的环太平洋构造带,也是世界上重要的成矿带。

为什么偏偏在环太平洋的大陆边缘上发生这样强烈的活动呢?下面用几张图来解释一下:

A 图的左边表示的是古太平洋的一部分，右边是古美洲大陆的西缘，时代属晚古生代时期，距今大约 2.5 亿年以前。从图上可以看出，那时的古美洲西缘是平静的，只有厚度不大的从古大陆剥蚀来的沉积物（带点的区域）。

B 图表示的是中生代的三叠、侏罗纪时期，距今大约 2 亿年的情况。这时大洋岩石圈（虚线的区域）下插到大陆岩石圈之下，也就是发生了所谓俯冲的作用。俯冲引起了发生在大陆边缘的一系列重要现象。

第一，在大洋岩石圈开始下弯的部位产生了一条古海沟。

第二，在下插大洋岩石圈的上部生成了岩浆，岩浆的运动用弯曲的箭头来表示；由于岩浆的上升，在曲折的海岸线之外形成了成串的现象。

第三，下插大洋岩石圈所引起的

环太平洋的大陆边缘发生强烈活动的原因解释示意图

水平方向的压力使早先在大陆边缘形成的沉积层发生褶曲，并且在地表产生一列山脉。

C 图表示的是事件进一步发展以后的情况。大家看到，在原来成串岛弧（火山岛屿）分布的区域又形成了一列雄伟的山脉。这是发生在白垩纪早期的事情，距今大约 1 亿年。在新旧两排山脉之间可能有残留的海水。从弯曲箭头所代表的岩浆发生源的位置来判断，新的火山将向东移动一段距离。

上面所说的俯冲作用一直持续到今天，雄踞在美洲西岸的落基山和安第斯山就是这一作用的产物。

以上叙述的过程虽然举的是太平洋西岸的例子，但是大体上可以代表整个环太平洋带的情况。我国的东部,包括贺兰山、六盘山、四川西部、云南东部诸山一线以东的广大地区,都处在环太平洋带作用的影响之下。对于研究发生在大陆边缘的各种作用,以及这一作用在大陆内部的各种反映,这是一个很重要的区域。

在地球科学中,把受到大洋岩石圈俯冲作用的大陆边缘叫做活动大陆边缘,或太平洋型大陆边缘。

4. 大西洋两侧的大陆边缘

中生代时期,大西洋两侧大陆边缘的情况跟上面说的环太平洋大陆边缘的情况不同。它们的区别主要在于,这里没有发生大洋岩石圈的俯冲作用。这种没有受到大洋岩石圈俯冲作用的大陆边缘叫稳定大陆边缘,或大西洋型大陆边缘。

大西洋两侧大陆边缘的情况跟上面 A 图所表示的古生代晚期古太平洋边缘的情况相似,只有单纯的沉积作用。由于在这样的区域有丰富的浅海生物,它们死后的遗体随着沉积物一起被埋藏在海底,日久天长,富含生物遗体的沉积物往往能够积累到几千米厚。在一定的条件下,生物遗体转化成石油,并且在孔隙比较多的沉积物里富集起来。所以这类地区早已被寻找石油资源的科学家们所瞩目。

为什么俯冲作用在太平洋边缘而不在大西洋边缘发生呢?比较流行的解释是这样的:

软流圈物质沿着一个岩石圈裂缝上涌所形成的新大洋岩石圈(它的顶面就是新海底)仍然具有比较高的温度,所以这时它的密度和软流圈物质的密度相差不大。当新大洋岩石圈不断增生,先前形成的部分不断被推到离增生带越来越远的时候,温度也就越来越低了。我们都知道热胀冷缩的原理。逐渐变冷的大洋岩石圈体积收缩,密度逐渐增大,终于变得比它下面的软流圈物质的密度大了。重的东西被托在轻的东西之上是不稳定的,随时都有沉入轻的东西的趋势。只有当一个大洋扩张到一定的程度,或者说达到一定的宽度,在它边缘部分才会发生大洋岩石圈沉入软流圈的情况,也就是说才有发生俯冲作用的可能性。

当然我们不能说现代的大西洋东、西边缘部分的岩石圈密度不比下面的软流圈密度大,但是大洋岩石圈开始它的俯冲运动还需要克服阻力,要有一定条件,情况是复杂的。可以这样说,扩张到今天的大西洋还没有具备开始俯冲作用的条件。也许再过几百万年之后,它的边缘才会出现俯冲作用。不过这只有留待未来的人类去观测了。

(四) 新生代时期

1. 新生代时期的划分

新生代,顾名思义是新的生命的时代,从新生代开始,生物的面貌跟现在生活在地球上的生物面貌越来越接近了。它是地质历史时期中最新的一个时代,包括现代在内。

从延续的时间看,整个新生代有6.7千年,不过相当于古生代时期的一个纪的时间。

新生代由第三纪和第四纪两个纪组成。这两个纪的名称早在18世纪就已经出现,欧洲地质工作的先驱者曾经把西欧南部的地层从老到新划分成原始系、第二系、第三系和第四系。前两个系早已被更加详尽的划分所代替,名称不再使用。后两个系的名称却沿用到现在。

第三纪的时间是从距今6.7千万年至距今2.5百万年,第四纪更短,从距今2.5百万年到现在。第三纪和第四纪交界的年代,现在的意见不一。

第三纪一般可以进一步划分成两段:老第三纪和新第三纪,也有的国家把它们当做独立的两个纪对待。老第三纪从老到新由古新世、始新世、渐新世组成;新第三纪从老到新由中新世、上新世组成。至于第四纪,它由更新世和全新世组成。全新世从距今1万年前开始。

新生代延续的时间虽然相对比较短,但是正是在这个时期里,地球表面的海陆分布、气候状况、生物界面貌逐渐演变到现代的样子。特别是第四纪,它有很多特点。这个时期的沉积物因为形成不久,变成岩石的作用还没有完成,容易遭到破坏和再沉积,所以第四纪沉积的类型和分布跟地壳的最新构造活动的关系极其密切。第四纪因为时间很短,生物还来不及有多么显著的变化,所以跟以前各纪都不同,它的进一步划分主要是根据这个时期气候的变化,生物进化标志已经退居次要地位。第四纪还是"万物之灵"的人类的时代，因而过去也有人把第四纪叫做"人类纪"。

因此，对新生代，特别是第四纪时期地球演变的研究跟认识人类的诞生、认识人类所处的环境有密切关系。换句话说，人们可以根据这一时期的研究认识过去环境的演变规律，进而更深刻地认识它现在的特征，并且预测它的未来。

2. 新生代时期的造山运动

新生代时期最突出的事件是非洲跟欧洲的接近和印巴次大陆跟亚洲大陆的相撞。

它的结果使一部分岩石圈上层物质互相推挤，形成了横亘于南北半球之间、绵延几乎达到地球半周的最雄伟的山系和高原。这条山系没有统一的名称，它西起非洲北部的阿特拉斯山，经南欧的阿尔卑斯山，东延喀尔巴阡山，接高加索山、土耳其和伊朗的高原和山地、帕米尔高原和山地，再向东就是最有名的世界屋脊喜马拉雅山和我国的青藏高原，再向东南去，中南半岛和印尼诸岛的山脉也都跟它相连。

这就是阿尔卑斯造山运动和喜马拉雅造山运动的产物。

新生代时期，环太平洋火圈进一步发展。

太平洋底跟周边大陆的相互挤压作用使大陆边缘的构造带持续发生强烈的变形和岩浆作用，并且伴有强烈的地震活动，这些作用一直到现在还在进行着。

环太平洋带地区在新生代时期跟中生代时期不同现象是，在它的北部和西部，在海沟和它相伴的岛弧后面，也就是岛弧和亚洲大陆之间，存在着一系列的边缘海，自北而南，它们的名称是：白令海，鄂霍次克海，日本海，中国的黄海、东海、南海，菲律宾海，以及环绕在大洋洲北面和东面的诸海。这一系列边缘海，无论从地理或地质的意义上讲，都不是真正的大洋，它们的形成原因到现在仍然是一个存在争论的问题。不过近些年来的研究工作表明，它们的形成还是跟太平洋板块向着亚洲大陆的俯冲作用有关。

相对比较刚硬的大陆也不是铁板一块，而是被各个地质历史时期的运动所形成的断裂切割成大大小小的块体。因为这些块体都被断裂所围限，所以把它们称做断块。断块在大陆边缘各种作用的影响之下（可能还有来自大陆岩石圈之下物质运动的影响）发生互相推挤、拉开或相对升降。表现得最清楚的是因断块有升有降而形成山地、高原或盆地、平原。

下面我们以东亚大陆作为例子，说明一下发生在这里的断块运动。

大体上以我国的贺兰山—龙门山这条南北走向的线作为界线，东亚大陆分成了东西两半。在这两部分大陆内部的断块运动的表现有所不同。

下图是东亚大陆第三纪以来的盆地（用阴影线表示）分布图。

东亚大陆第三纪以来盆地分布图

首先我们看东部，第三纪以来的盆地虽然大小各不相同，但是大都呈长条形状，而且盆地延长的方向大都是北偏东。分布在我国东北和广西境内的盆地里，因气候潮湿、古植物繁茂而含有煤层；而华北（可向北延到下辽河）一带古气候干燥、潮湿相间，并且有几次海水的浸漫，华南一带的盆地里主要是红色碎屑岩，反映这里在当时是干旱气候条件下的山间盆地。晚第三纪到第四纪时期，华北、东北的盆地面积扩大，渐渐形成今天我们见到的华北平原和松辽平原的面貌。在华北平原以西的山区，在第四纪时期除了有些地区发育有河湖的沉积以外，还在一些岩洞里发育有洞穴堆积物，如驰名中外的"北京人"头盖骨发掘地周口店龙骨山，就发育有很好的第四纪洞穴堆积

地球的外貌

物。华南地区在晚第三纪到第四纪期间不断上升，曾经存在过比较陡峻的地形，在高出当时雪线位置的地区可能发育了山岳冰川。

西部的盆地，如天山以北的准噶尔盆地、天山以南的塔里木盆地、青海省的柴达木盆地等，自第三纪以来不断下降，并且接受来自剥蚀区的岩屑，同时环绕盆地的山区又不断上升，两种现象相伴发生。盆地的下降和山区的上升从第三纪早期就已经开始，到了晚第三纪加速发展，这种趋势一直持续到现在。西部盆地除塔里木盆地的西部在第三纪早期曾经遭到海水侵入之外，大都处在内陆干旱气候条件下。有意思的是，这些盆地都明显成菱形，而且长对角线的方向近于东西向。

上面所说的东部和西部盆地延长方向的不同是因为控制它们发育的边缘断裂的方向不同。我们看到，东部盆地的延长方向大体上都平行于环太平洋带西支的方向（就是北偏东方向），而西部盆地的延长方向大都平行于特提斯带的方向（近东西向）。这种现象说明，大陆内部地质发展是受大陆边缘构造带活动的影响的。

3. 第四纪的气候变化和冰期

设想一下，如果全世界的海水平面突然升高了 100 多米，那时将会是什么样的情景呢？大片的滨海平原和低洼地区被淹没，地球表面的景观将有很大的变化。不言而喻，气候也会随着发生改变。

这样的设想并不是没有根据的。不少地球科学家研究了位在地球南北两极的冰盖以及许多山岳冰川的消融或增长对海水平面变化的影响。有人认为，第四纪极地的冰盖和山岳冰川增长到最大的时期。所谓最大冰期，海水平面比现代的海平面低 101 米；而在这个最大冰期之后，海水平面又上升到比现代海面高 10 米。

应用同位素技术来恢复古海水的温度，太平洋的赤道区洋底海水温度从新第三纪开始到第三纪末的 3000 万年中下降了 8℃，而最近的仅仅 200 万年中又降低了 8℃，可见第四纪过程中全球性变冷的趋势相当强烈。

最早是在 20 世纪初，已经有人以阿尔卑斯山区（南欧）的研究作为基础，把第四纪划分成冰期和间冰期。到 20 世纪 30 年代，德国地质学家埃比尔作了更加详细的划分，自老而新共建立了 5 个冰期。经后人的订正和配上时标，如下页的表所示。

第四纪冰期的划分

第四纪	全新世	1	冰　　后　　期
	更新世	6.5	玉　木　冰　期
		10	利斯-玉木间冰期
		23	利　斯　冰　期
		30	明德-利斯间冰期
		70	明　德　冰　期
			恭兹-明德间冰期
			恭　兹　冰　期
		180万年	多　瑙　冰　期

经过大陆之间的对比研究，现在已经证明，以上划分的冰期具有全球大体上的同时性。换句话说，每一次冰期来临，都造成全球性气温下降，极地冰盖增大，雪线降低，山岳冰川发展。在两次冰期之间的间冰期，气候转暖，冰盖和冰川退缩，同时还伴随发生有普遍海浸作用。我们现在正处在玉木冰期的冰后期。

这5次冰期中以利斯冰期最强。这个时期地球表面被冰覆盖的面积是现代覆盖面积的3倍。另一方面，由于冰增多，最终要依靠蒸发到大气中的海水来补给，所以海水面要相应地比现代的大大低下。最突出的是东亚大陆滨邻太平洋地带的情况，当时不仅中国、朝鲜、日本都连成一片，就连鄂霍次克海和白令海也是没有的。亚洲和美洲之间也以宽宽的陆地相连接。

我国第四纪冰期的划分是由卓越的地质学家李四光根据江西省庐山和云南大理地区的研究所奠定的。就现在所知，在我国境内只有山岳冰川，冰期共有4次，自老而新依次是鄱阳冰期、大姑冰期、庐山冰期、大理冰期。

罗迪尼亚大陆

泛大陆——罗迪尼亚超级大陆出现在大约 12 亿至 7 亿 5000 万年前，是由许多很古老的陆块漂移拼合在一起的。它的形成过程被称为格林维尔事件。它是其他几个超级大陆当中的一个，这些超级大陆在过去几亿年的时间历经形成又分裂的阶段，在这些超级大陆之前或许有更早期的超级大陆出现过。罗迪尼亚超级大陆的分裂牵涉到许多地壳活动，譬如格林威尔造山运动，在地球上留下许多较古老的火成岩。盘古大陆也是一个超级大陆，它的形成和分裂时间发生在罗迪尼亚超级大陆之后的几亿年。

古人对地球的认识

地球是绕太阳遥转的一颗行星。对于它的形状，也许不用多谈，大家就已经知道地球是个南北两极略扁平的椭球体。但这也不是一下子就认识到的，而是经过了多少世纪的探索，唯物论和唯心论、科学和宗教长期的艰苦斗争，才逐步确立起来的。

在我国古代，曾流传着"天圆如张盖，地方如棋局"的天圆地方说。希腊也有人将地球描写成被一条大洋河团团围住的圆，"汹涌的河水在丰饶的地盾的边缘翻滚"，"在海洋的边缘上，张起了圆形天幕似的天穹"。以后又有人提出地球是个"立方体"、"圆柱体"、"像只船"等唯心论的说法。后来，经过了许多世纪，人们在长期的社会生产实践中，才逐渐抛弃了这些荒谬的东西，冲破了唯心论思想的束缚，打开了一条认识真理的道路。

古代的游牧民族在各处流动放牧，需要经常定出方向、确定所在地的位置，于是他们学会了根据太阳和恒星来辨别方向。经过长期的观测，他们不但看到太阳、星星每天从东方升起，沿着圆弧移动，在西面的天地间徐徐落下，而且还观察到了各颗星星之间保持着相对的位置。人们面对着这些自然

关于地球的常识

现象提出了一个问题：如果说地是一个没有尽头的平面，上边盖着天穹，那么，各个天体又怎么能够每天从东方升起在西方落下，然后又重新在东方升起呢？由于当时人们还没有认识到地球的真实形状，也就不能正确地回答这个问题。随着航海事业的发展，当人们乘船航行，向远处望去时，总是看到海面逐渐向下弯曲，形成一个大圆弧，天空的边缘就落在这个大圆弧上，真是天连海，海连天。可是，天空和海洋相会的边缘，谁也不能到达。当人们遥望从远处海面驶来的船只时，总是先看见桅杆顶，再看见风帆，然后才看见船身；当船向着多山的海岸行驶时，船上的人最先看见的是山顶，然后才看见山脚。但是，当船只离岸向远海行驶时，最先隐没的却是山脚，而后才是山顶。人们经过长期的观察后发觉到，只有站在凸面上才有可能看见这种种现象，从而开始认识到了地球表面是一个凸出的曲面。直到1519年5月麦哲伦及其同伙的舰只，从西班牙的港口出发，向西经过大西洋、太平洋和印度洋，于1522年9月又回到西班牙，完成了环球航行后，地球是个球体的结论才被最后确定了下来。

当然在此前后，也有许多人用其他方法来证明地球是球形的。如人向南行，就见北方的星愈来愈低，最后没落在地平线以下；人向北行，看南方的星也是愈来愈低，最后没落在地平线下。对我们所熟悉的北极星也是一样，如果在北极地区看它，它正好在头上和地平面约成90度角，若在哈尔滨仰望北极星，它与地平面约成45度角，在济南看北极星，它与地平面约成36度角，在海南岛的海口市看北极星，它与地平面只约成20度角了。如果地球不是球形就不能出现这种现象。

又如，在月食的时候，地球正好运行在太阳和月球之间，在月球表面出现圆弧形的地球影子，人们通过影子的外形也可分析出地球是球形的。

我们平常说的"登高望远"，也是一个很好的证明。如我们站在平坦的原野上，最远只能看到4千米左右的地方；如果登上20米的高山，就可以看到16千米远的地方；如果我们乘坐飞机，飞到1000米的空中，那就可以看见113千米远的地方了；如果飞机飞到5000米高空，我们的视界就可扩大到252千米的地方。那么登高为什么能望远呢？就是因为地球不是一个平面而是一个球体。从以上事实，都证明了地球是个球体，地圆的学说也就为大多数人

地球的外貌

地球的外貌
DIQIU DE WAIMAO

所接受,"地球"这一名称也就被确定下来了。

类地行星

　　类地行星是以硅酸盐石作为主要成分的行星。它们跟类木行星有很大的分别,因为那些气体行星主要是有氢、氦、和水等组成,而不一定有固体的表面。类地行星的结构大致相同:一个主要是铁的金属中心,外层则被硅酸盐地幔所包围。它们的表面一般都有峡谷、陨石坑、山和火山。

▎▎地球的形状

　　自1957年人造卫星上天以来,人们可以借助于人造卫星和航天飞机,站在远离地球的高度来观察地球的形貌,从而对地球有了更真实、直观的了解。据对人造卫星拍摄的地球照片分析发现地球并不是标准的椭圆体,而是一个两极扁平,赤道突起的椭球体。这个椭球体的赤道半径(即地心到赤道的距离)是6378.245千米,极半径(地心到南极或北极之间的距离)是6356.863千米,像一个在茫茫太空中围绕着太阳旋转的大鸭梨。

　　假如我们乘飞机绕赤道飞行一圈,就得飞行40075.7千米;如果从北极向正南直飞,绕过南极飞回原处,只要飞行40008.548千米。像这种赤道半径、极半径不一样长的球体,我们称为双轴椭球体。但是以后又发现地球是双轴椭球体的结论还有些不够恰当。因为如果地球形状是双轴椭球体,它的赤道圈应该是正圆形,赤道的各半径也应该一样长。但是实际测量的结果表明,地球赤道半径的数值变动于6378.351千米和6378.139千米之间,两者相差212米,这个差数和半径比较,虽然微不足道,但它毕竟证明了赤道圈的形状不是正圆形而是椭圆形。像这种赤道长轴、赤道短轴和极轴长短不一样的形体,我们称它为三轴椭球体。

这里我们所讲的地球形状，实际上并不是实在的地球自然表面的形状，而是一个简化了的地球形状，这样便于我们了解地球形状总的特点，为人们进行生产实践和科学实验服务。在天文学中，常把地球当作正球体看待；测绘部门在绘制全球性挂图或教具制造厂制作地球仪时，也把地球当作正球体；在绘制大比例尺的地形图时，又把地球当作双轴椭球体。但是，在某些生产实践和科学实验中，有时把地球简化成正球体、椭球体还不能满足需要，必须将地球形状简化成更近似于真实的形状。可是地球真实的自然表面形状是十分复杂的，有海洋和陆地，有高山和深渊，高低起伏，很不规则。为使地球的形状更接近于地球自然表面的形状，我们就把地球上的海洋面向陆地无限连续延伸，穿过崎岖不平的大陆底部，构成一个全球性的假想海面，在测量上称它为"大地水准面"。我们通常讲某某高山或高原的高度为海拔若干米就是以它为起点的。这种把地球表面看成为海洋所包围而形成的地球形状，我们称为"地球形体"或"地球体"。地球体的表面和三轴椭球体的表面比较，高差最多不过 10 米，这对于巨大的地球来说是微不足道的，同地球真实表面比较，这些数字也是很小的。所以地球体和实在的地球自然形状是很近似的。

盘古大陆

盘古大陆源自希腊语，有全陆地的意思，是指在古生代至中生代期间形成的那一大片陆地。由提出大陆漂移学说的德国地质学家魏格纳所提出的。根据非洲和南美洲海岸轮廓非常相似等资料，魏格纳认为地壳的硅铝层是漂浮于硅镁层之上的，并设想全世界的大陆在古生代石炭纪以前是一个统一的整体（盘古大陆），在它的周围是辽阔的海洋。后来，特别是在中生代末期，盘古大陆在天体引潮力和地球自转所产生的离心力的作用下，破裂成若干块，在硅镁层上分离漂移，逐渐形成了今日世界上大洲和大洋的分布情况。

地球的外貌
DIQIU DE WAIMAO

地球的经纬

地球既然被简化成了地球体，但是上面又没有任何的界线，怎样在地球上确定各地的位置呢？为了解决这个问题，古代劳动人民就利用经线、纬线形成的经纬网来确定地理位置。每当我们翻看地图时，总看到上面有许许多多纵横交错的线，我们称这些线为经、纬线。在地图上南北方向，连接地球南极和北极的线，叫经线。我国古时候用来测定方向的罗盘上面，按子、丑、寅、卯、辰、巳、午、未、申、酉、戌、亥十二个字排列，以"子"字代表北方，"午"字代表南方。因此，我们又把这种表示南北方向的线称为子午线。两条相对的经线构成一个经线圈。沿着任何一个经线圈，都可以通过地轴把地球平切成两半；每半的平面叫做经线平面。两个经线平面在地心处所构成的夹角叫做经度。因为地球是球体，所以经度一共有360度。

经线在地球上纵列着，计算经度时从哪一条经线开始呢？在以前，世界各国都是把通过本国首都的子午线当作经度的起点。我国也曾以通过北京泡子河天文台的子午线当作起点。当时的情况是很混乱的。直到1884年，各国在华盛顿举行的国际子午线会议上，才决定以通过英国伦敦格林威治天文台的子午线为计算经度的起点，定为0度，并把这一条经线叫做本初子午线。从本初子午线向东、西各分为180度。本初子午线以东的180度叫做东经；本初子午线以西的180度叫做西经。东经180度和西经180度实际上是一条线，因此，这一条经线就不分东经、西经，只称180度的经线。

一条经线有多长呢？目前国际上通用的"米"，就是根据经线的长度定出来的。即是把从北极到赤道的经线分成1000万等份，每一份的长度定为1米。由北极到赤道是地球经线圈的1/4，由此可知，地球的经线圈长约4万千米，一条经线则长约2万千米。

在地图上与经线垂直，东西方向的线叫纬线。环绕地球的纬线叫纬线圈。因为地球是个球体，纬线圈的大小不一样，其中最大的纬线圈称为赤道。沿着赤道可把地球平切成两半，这个圆面称为赤道平面。在赤道沿经线圈向南或向北的任何地点上，与地心连成一条直线，这条直线和赤道平面形成的夹角，叫做纬度。人们以赤道作为计算纬度的起点，定为 0 度。从赤道向南极和北极，纬度逐渐增加，到了南、北两极，纬度均是 90 度。在赤道以北的纬线叫北纬；赤道以南的纬线叫南纬。南纬 23.5 度叫南回归线；北纬 23.5 度叫北回归线。南纬 66.5 度叫南极圈；北纬 66.5 度就叫北极圈。我们通常又将 0 度～30 度的地区叫做低纬度地区；30 度～60 度的地区叫中纬度地区；60 度～90 度的地区叫高纬度地区。

经线和纬线

经线与纬线是垂直相交的，经、纬线相交构成了经纬网。从经纬网无数的交点上，可以确定各地的地理位置。如我们伟大祖国的首都北京，就是在东经 116 度 24 分，北纬 39 度 54 分。轮船在海上航行，飞机在高空中飞行，都可以利用经纬网来确定所在地的地理位置。

侏罗纪

侏罗纪是一个地质时代，界于三叠纪和白垩纪之间，约 1 亿 9960 万年前（误差值为 60 万年）到 1 亿 4550 万年前（误差值为 400 万年）。侏罗纪是中生代的第二个纪，开始于三叠纪－侏罗纪灭绝事件。虽然这段时间的岩石标志非常明显和清晰，其开始和结束的准确时间却如同其他古远的地质时代一样，无法非常精确地被确定。侏罗纪的名称取自于德国、法国、瑞士边界的侏罗山。超级陆块盘古大陆此时真正开始分裂，大陆地壳上的缝生成了大西洋，非洲开始从南美洲裂开，而印度则准备移向亚洲。

地球大气圈和水圈
DIQIU DAQIQUAN HE SHUIQUAN

地球上的水和大气是一切生物生命活动（包括人类生存）最基本的物质，因此，水圈和大气圈成了影响人类生存最为直接的两个圈层。这两个圈层在自然地理系统中起着最为重要的作用。它们不仅各自处在不断的运动中，而且它们之间还在相互渗透、相互制约、相互作用着。水汽是联系大气圈和水圈的纽带，它既是水圈的一部分，也是大气圈的重要组成成分。在大气圈中水汽含量的分布及其三相变化，造成了大气中天气现象的产生以及这些天气现象分布的地区差异。大气中一切天气现象的产生归根结底是水汽参与的结果，可以这么说，没有水汽的参与就不会有天气现象产生。

大气圈的演化

地球是太阳系中的一个成员，是无限宇宙中的一颗渺小的星星；但就地球本身来说，它的里里外外，又可分为好几个圈层。

在地球的外围，包围着一层大气，人们把这层大气称为"地球的大气圈",简称大气圈。它像一层厚厚的外套罩着地球,人类就生活在这大气的海洋里。大气直接影响着人类的生产与生活,它和人类的生存息息相关。

地球的大气圈是怎样形成的呢?这个问题一直受到人们的注意和研究。但由于大气圈是在人类社会出现以前形成的,它的成因比较复杂,并且又与地球的起源、演化有着直接的关系。所以到目前为止,还没有一个完善的解释。比较一致的看法为:最初,当地球刚刚由星际物质凝聚成疏松的地球团时,空气不仅包围在地球表面,而且也渗透在地球内部。那时的空气成分以氢为主,约占整个气体成分的90%。此外,还有一些水汽、甲烷、氨、氮及一些惰性气体。

以后,由于地心引力的作用,这个疏松的地球团就逐渐收缩变小。于是包含在地球内部的空气就被排挤出来,散逸到宇宙太空中去。到地球团收缩到一定程度后,收缩的速度便渐渐变慢,与此同时,地球的温度也渐渐降低,地壳便开始凝固起来。最后被排挤出来的一部分空气,就被地心引力拉住包围在地球的表面,形成了大气层。当时的大气层是很稀薄的,它的成分仍是氢、水汽、氮、甲烷、氨及一些惰性气体。

地壳形成以后,在古老的地质年代里,地壳内部又因放射性元素的不断

大气层

地球的外貌

发热,造成地层的大调整,使地壳的某些地方发生断层和褶皱。包含在岩石和地层中的一些气体,便被大量释放出来,补充到稀薄的大气层内。这时,大气上层已经有了水蒸气,它们在太阳光线的照射下,一部分被分解为氢和氧。这些分解出来的氧,一部分与氨中的氢结合,使氨中的氮分离出来;一部分与甲烷中的氢结合,使甲烷中的碳分离出来,碳又与氧结合成为二氧化碳。这样,大气圈内的空气,主要成分就变成为水蒸气、氮、二氧化碳和氧了。不过,那时候的二氧化碳比现在多,而氧则比现在少。

大约在18亿年以前,水里面开始有了生物;在七八亿年前,陆地上开始出现植物。当时大气中二氧化碳含量比较多,十分有利于植物的光合作用,使植物生长得非常繁茂。植物的光合作用,吸收了大气中的二氧化碳,放出了氧,使大气的含氧量增加。大约在5亿年以前,地球上的动物增加很快,动物的呼吸又使大气中的部分氧转化为二氧化碳。

地球上的动植物增多后,当动物的粪便和动植物的躯体腐烂时,蛋白质的一部分变为氨和铵盐,另一部分直接分解出氮,变为氨和铵盐的一部分,通过硝化细菌和脱氧细菌的作用,变为气体氨,进入大气。由于氮是惰性气体,在正常温度下不容易与其他元素化合,因此大气中的氮也就越积越多,最后达到了现在大气中的含氮量。从此,近地面的大气就变成了现在的成分,即氮约占78%,氧约占21%,其他微量气体的总和占不到1%。

空气密度

在一个标准大气压下,每立方米空气所具有的质量(千克)就是空气密度。空气的密度大小与气温,海拔等因素有关,海拔越高密度越低。我们一般采用的空气密度是指在0摄氏度、绝对标准指标下,密度为$1.293 kg/m^3$。通常情况下,即20摄氏度时,取$1.205 kg/m^3$。

大气圈的厚度与构造

一、大气圈的厚度

地球上的大气圈有多厚？也就是说从地球表面向上有多高，才能到达大气圈的最上边沿？对于这个问题，人们在很久以前，就已开始探索研究。

最初，人们是根据云的高度来确定大气圈的厚度。我们知道，云是漂浮在大气中的细小水滴或冰晶组成的。有云的高空，一定有大气的存在。根据对普通常见云的观测，最高的云可达10～15千米。因此，最初人们认为大气圈的厚度在15千米以上。

流星是宇宙中的小天体，当它进入地球大气圈以后，因为它以每秒20～100千米的速度运动，与空气摩擦生热而发光。于是，人们又根据流星出现的高度，来确定大气的厚度。流星一般开始出现在70～120千米的高空，因此人们就认为大气圈的厚度也就在70～120千米以上。

日出以前，天空便开始发亮，日落以后，天空并不立即变暗。我们把这种日出以前和日落以后的天空皓亮现象，称为"曙暮光"。曙暮光是由于高层大气分子被太阳照射以后散射出的光亮。因此，根据测量曙暮光的高度，又确定大气圈的厚度在280千米以上。

在两极地区的上空，常常可以出现五彩缤纷的放电现象，人们把它称为"极光"。极光是太阳辐射出来的电子流，进入高空稀薄的大气层后，产生的一种放电现象。因为地球是一个大磁场，所以极光仅出现在地球南极和北极地区的上空。根据对极光的测定，大气圈的厚度又在1200千米以上。

人造地球卫星的上天，为人类进一步征服自然界开辟了新纪元。人造地球卫星到达了人类从来没有去过的高空，为我们搜集了大批研究高层大气的情报。根据近年来人造地球卫星探测的资料，地球大气圈的厚度应在3000千米以上。

大气圈的厚度究竟是多少呢？这还要很好地研究才能解决。我们知道：

地球的外貌

空气是一种可以压缩的流动气体，在地球引力的作用下，上层空气压在下层空气的上面，下层空气的密度就被压得变大了，离地面越高的地方，受到上层的空气的压力越小，所以越往上去，空气的密度越小，空气就越稀薄了。据研究，地面上每立方厘米空气有 2.55×10^{19} 个分子，在离地面 5 千米的上空，每立方厘米空气中有 1.53×10^{19} 个分子；在 100 千米的高空，每立方厘米空气中有 1.8×10^{13} 个分子；在 1000 千米的高空，每立方厘米空气中，就只有 10 万个分子，大约仅相当于地面空气密度的 2.6×10^{14} 分之一。由此可见，空气是越向上越稀薄，以至于绝迹。所以大气圈的最上层，没有一个明显的界限。因此，要确定大气圈的厚度是比较困难的。

二、大气圈的构造

在 3000 多千米厚的大气圈里，人们生活在近地面的大气层中，对于近地面的大气情况，通过长期的反复实践，有了一定的了解。但是，高空中的大气是什么样呢？很久以来人们就在探索。

早在 18 世纪中叶，人们就开始利用风筝把气象仪器带到空中去观测大气。但是，风筝只能上升到二三千米的高度，而且在风小时还升不起来，风大时又容易发生危险。到 18 世纪末期，人们发明了载人气球，用氢气球将人和气象仪器带到空中，进行探测。虽然获得了大气中的一些资料，但是这种方法既笨重又不经济，在探测高度上也是有限的。到了 20 世纪 30 年代，随着电子技术的发展，发明了无线电探空仪，用氢气球将气象仪器和无线电发报机带到高空中去。随着无线电探空仪的上升，气象仪器把沿途测量到的大气温度、大气湿度、大气压力等气象数值，通过无线电讯号不断地发回到地面接收站。此时，才算比较圆满地解决了空中的探测问题。以后，人们随生产和军事科学的进展，对大气的探测又提出了新的更高的要求，利用无线电探空仪探测大气高层的气象资料已远远不能满足要求了。经过广大科学工作者的努力，终于发明了气象火箭、气象雷达、气象卫星等，从而，人们对于大气高层的气象资料有了进一步的了解。

气象工作者根据用各种方法探测到的高空气象资料，按照气温和空气运动的特点，把大气层分成对流层、平流层、中层、热层和外层。

(一) 对流层

对流层是大气圈的最下层，它的高度在各地是不同的。赤道附近的地区，对流层的平均高度约十七八千米；两极附近的地区，对流层的平均高度约八九千米；在中纬度地区，对流层的平均高度约为 10～12 千米。在对流层内，空气温度随高度增加而降低，平均每上升 100 米，气温就下降 0.65℃。因为，下面的空气温度高，密度小；上面的空气温度低，密度大，所以下面的空气就不断上升，上面的空气便下来补充上升的空气。这样在对流层内就发生了上上下下不停的对

大气圈结构

流运动，对流层之名就是由此而来。对流层对地面的影响最大，我们经常看到的天气现象如云、雨、雪、雹等都发生在这一层内。

(二) 平流层

从对流层向上到五六十千米的高空称为平流层。在平流层内，气温随高度增加而增加。平流层内的气流比较平稳，几乎没有什么对流运动，因此比较适合飞机的飞行。这一层内的空气以水平运动为主，所以称为平流层。平流层内空气比对流层内稀薄得多了，水汽、尘埃的含量也很少，经常是晴空万里，偶尔可以看见贝壳色彩的贝母云。

(三) 中　层

从平流层向上到八九十千米的高空称为中层。在中层内，气温随高度的增加而下降。中层内尚有少量的水汽存在，因此，有时可以看见银白色的夜光云。

(四) 热 层

从中层向上到 800 千米左右的高空称为热层。这一层内的温度很高，而且温度的昼夜变化很大。

(五) 外 层

热层以上称为大气的外层。在外层内，空气温度更高，空气非常稀薄，一些高速运动的空气分子，可以挣脱地球引力，冲破其他分子的阻力而散逸到宇宙空间去，因此这一层又称为散逸层。

大气层除根据气温和空气运动的特征划分为 5 层外，它还可以根据其他的物理特征来划分层次。如根据大气的电离现象，可以把大气划分为非电离层和电离层。非电离层离地面大约 60 千米以下，在这一层内，大气处于非电离状态。电离层是指离地面大约 60 千米以上的高空，在这一层内，由于太阳和其他天体射来的各种射线的影响，大气分子被电离层带电的正离子和自由电子。电离层又可划分为 D 层、E 层、F 层、G 层，它们的高度和电离程度经常在变化，其中以离地面 80～500 千米的高空，电离程度比较高。电离层可以反射无线电波，所以它对无线电通讯具有重要的意义。

干洁空气

干洁空气是指大气中除去水汽、液体和固体微粒以外的整个混合气体，简称干空气。干洁空气是大气的主体，平均约占低层大气体积的 99.97%（水汽平均约 0.03%，杂质可忽略）。主要成分是氮、氧、氩、二氧化碳等，其容积含量占全部干洁空气的 99.99% 以上。其余还有少量的氢、氖、氦、氙、臭氧等。

辽阔的地球水圈

要谈地球上的水,不妨先让我们作一个假设:如果火星上也有居民,并且与我们有共同的语言,那么当"火星人"用极其强大的望远镜透过地球的大气层看地球时,他们会把地球叫做"水球"。这是因为在"火星人"看来,整个地球差不多是被碧蓝色的海水覆盖着。

海洋面积占地球表面的71%,如果将海洋中所有的水均匀地铺盖在地球表面,地球表面就会形成一个厚度为2700米的水圈。"水球"的名字名副其实。

水是宝贵的自然资源,也是自然生态环境中最积极、最活跃的因素。同时,水又是人类生存和社会经济活动的基本条件。

大家看看地球仪,便可发现地球上的海陆分布是有一定特征的。北极圈里是一个几乎被大陆包围着的海洋,叫做北冰洋;南极圈里却是一个被海洋包围着的陆地,叫做南极洲。此外,我们还看到陆地主要分布在北半球,越向南半球,陆地面积越来越小,海洋的面积越来越大。在不同纬度地带上的海陆分布的比例也各有不同。

地球上的海洋是互相联系着的一个整体。人们根据习惯把它分成太平洋、大西洋、印度洋、北冰洋四个大洋。其中最大的是太平洋。它位于亚洲、南美洲、北美洲、大洋洲和南极洲之间,面积为1.7968万平方千米,约占海洋总面积的50%,它的水量几乎占地球表面总水量的一半。太平洋也是世界上最深的大洋,平均深度为4300米。最深处在太平洋西部的马利亚纳海沟,达11033米。人类至今还未到达过这么深的地方。1960年1月,有个叫皮卡尔的比利时人,曾乘坐专门制造的深海潜水器,在马利亚纳海沟,下潜到10919米的地方,但离最深的洋底还差114米呢。

大西洋位于欧洲、非洲、南美洲和北美洲之间,南临南极洲,北连北冰洋,面积约为9336万平方千米,差不多要比太平洋小一半,平均深度为3926米,是世界第二大洋。

地球的外貌
DIQIU DE WAIMAO

地球上的水资源

印度洋位于亚洲、非洲和大洋洲之间，南临南极洲，面积为7491万平方千米，平均深度为3897米，是世界第三大洋。

北冰洋位于欧亚大陆和北美洲之间，大致以北极为中心，绝大部分在北极圈内。它是世界大洋中最小的一个，面积只有1310万平方千米，仅占海洋总面积的4%，平均深度也只有1200多米。北冰洋是个寒冷的海洋，它的表层海水温度年平均为 $-1 \sim -2$℃，几乎是一个"千里冰封"的世界。

地球上的水除海洋外，还有河流、湖泊，以及藏在土壤和岩层的孔隙和裂隙中的水。分布在陆地表面上的水叫"地表水"，藏在土壤和岩石中的水叫"地下水"。

陆地上的巨大水体是湖泊，各大陆上差不多都有一些大湖。欧亚大陆交界处的里海，面积有37.1万多平方千米，是世界上最大的湖。不过里海的水与海水一样是咸的，这种湖叫做"咸水湖"。欧亚大陆上中亚细亚的咸海，面积6.6万多平方千米，也是一个咸水湖。亚洲的贝加尔湖，面积3.1万多平方千米，它的最大深度为1741米，是世界上最深的湖泊。

北美洲可说是世界上大湖最多的地方。尤以位于加拿大和美国边界上的苏必利尔湖、休伦湖、密歇根湖、伊利湖和安大略湖为最著名，其中苏必利尔湖是世界上第二大湖。这些大湖之间由水道和瀑布互相连通，面积共为24.5万多平方千米，号称"五大湖"。此外，加拿大的大熊湖和大奴湖，面积各为3.1万平方千米和3万平方千米，也是北美洲的大湖。

非洲的大湖有维多利亚湖，面积约为6.9万平方千米，坦噶尼喀湖，面积约为3.3万平方千米，以及尼亚萨湖，面积约为3万平方千米。这些大湖集中分布在东非地区。其中维多利亚湖是世界第三大湖。所有这些大湖，除里海、咸海外，都是淡水湖。

陆地上除了湖泊外，还有为数众多的河流，它们把大量地表水汇集起来，不停地送入海洋。少数河流则流入大陆内部的沙漠或内陆湖泊。世界上的大河，如按它们的长度来说，最长的是非洲的尼罗河全长6650千米；南美洲的亚马逊河，全长6400千米，居世界第二；北美洲的密西西比河，全长6270千米，居世界第四。在亚洲，我国的长江和黄河，分别长6380千米和5464千米，是世界第三和第五长河。此外，欧洲最长的河是伏尔加河，全长3690千米；大洋洲的大河是墨累河，长2575千米，但它们在世界大河中已不足称道了。

如果按河流每年入海的总水量来说，那些位于热带、亚热带降雨丰沛地区的大河便名列前茅了。其中，亚马逊河仍然遥遥领先，居世界第一位。它每年入海的总水量约为3787立方千米；非洲的第二长河刚果河，每年入海的总水量约为1200立方千米，跃居世界第二位；我国的长江居世界第三位，每年入海总水量约1000立方千米，是欧洲第一大河伏尔加河的四倍；而黄河由于流经干旱、半干旱的北温带，流域面积比其他大河又小，所以它每年入海的总水量仅51立方千米，只是长江入海总水量的1/20稍多些。

自然界的水通常是以液态、气态和固态三种形式出现的。海洋、湖泊及河流等水体主要是液态水，而气态水主要分布在大气中。一般地说，水汽主要分布在大气层的底层即对流层里。在大气层的顶部电离层里，水已分解成为氢和氧的离子状态了。

对流层里的水汽分布是很不均匀的。如海洋上空含的水汽多，大陆内部干旱的沙漠上空含的水汽少。平均起来，1立方米空气中水的含量为0.2~1克，在个别情况下，如在积雨云里，1立方米空气中可含4~5克，甚至更多。空气中水汽总量是很微少的，但它却是地球上水的一个极重要的组成部分。

地球上的固态水——冰和雪，主要分布在气候寒冷的地方，如南、北极地区或海拔很高的山上。这些地方经常下雪，同时积雪也不易融化。因此大量的雪，年复一年地积聚起来，互相压实、冻结，形成了坚硬的冰层，覆盖着地面和山峰。在南极洲和北极地区的格陵兰岛，这种面积广、厚度大的冰层被称为大陆冰川；覆盖在高山上的冰层叫做高山冰川。例如在我国的青藏高原和帕米尔高原的高山上，以及位于赤道地区的非洲乞里马扎罗山顶上都有这种高山冰川。

整个地球上，冰川的面积有1630万平方千米，约占陆地总面积的11%。其中，南极洲和格陵兰岛的大陆冰川便占了冰川总面积的99%，所以说南极洲和格陵兰岛是地球上最大的天然冰库。

固体物质迁移

固体物质迁移是地理环境中重要的一项，内营力及外营力均可造成固体物质的迁移，但有效地传送地表固体物质的动力是外营力，包括风、波浪、潮汐、海啸、地下水、地表径流等，它们将物质从一地搬运至另一地沉积起来，进行着均夷作用使地表趋于平缓。固体物质搬运、迁移的方式有滚转、悬移、溶解、漂浮等4种。当侵蚀作用、搬运作用减弱，沉积作用出现，形成了泛滥平原、三角洲平原、冲积扇等地形。

丰富的水量

既然水在地球上分布得如此广泛，从天空到地下都有，那么地球上到底有多少水呢？要回答这个问题却很不容易。不少科学家曾搜集了许多资料，用不同的方法作过许多分析和计算，到目前为止仍不过是提出一些各不相同的概略数字而已。

根据大家所常引用的估算数字，地球上海洋水体的总量约为13.7亿立方千米，占地表总水量的97.6%。地球上的固态水，即分布在极地的大陆冰川和高山冰川，总共约有3000万立方千米。这些冰川如果完全融化成淡水的话，将会使世界海洋面上涨50多米，能把陆地上广大的平原变成水乡泽国。

陆地上的水，包括蓄在河流、湖泊、水库、沼泽及地表土壤层中的水，估计约有 400 万立方千米，而空气中的水只有 1.2 万立方千米。

由此看来，地球表面的总水量约为 14 亿多立方千米。其中除海水占绝大部分外，冰川占 2.1%，陆地水占 0.3%，大气中的水量最少，仅占全部水量的百万分之九。

除地表水外，岩层中和地球内部尚含有大量的水。它与人类的生产和生活密切相关。有人估算这部分地下水约 6000 万~1 亿立方千米，而其中与地表水能进行相互交换和沟通的地下水约有 400 万立方千米。在人类今后的生产和生活中，对这部分地下水的开发和利用将更加重视。

水的储存形式

液态和固态水体所覆盖的地球空间：水圈中的水上界可达大气对流层顶部，下界至深层地下水的下限，包括大气中的水汽、地表水、土壤水、地下水和生物体内的水。各种水体参加大小水循环，不断交换水量和热量。水圈中大部分水以液态形式储存于海洋、河流、湖泊、水库、沼泽及土壤中；部分水以固态形式存在于极地的广大冰原、冰川、积雪和冻土中；水汽主要存在于大气中。三者常通过热量交换而部分相互转化。

地球水循环

有句成语叫"川流不息"，说的是水的流动性。事实上的确如此，世界上绝大多数的河流都在日夜不停地流向海洋。据估算，全年入海的河水总量有 37400 立方千米左右。然而陆地上的全部河流在同一时间内却只能容纳 1200 立方千米的水。那么河流从哪里得到这么多水源源不断地流入海洋？

水和自然界里的所有物质一样，在不停地运动着、变化着，从一种状态变为另一种状态。河水主要是由大气降水补给的,大气降水来源于大气中的水汽,水汽的大部分又是海水蒸发后被气流带到陆地上空的,而海洋上空被带走了的这部分水,最终又被流入海的河水不断地补充着,从而构成了地球上水的循环。水循环说起来简单,其实,水的循环过程是相当复杂的。

我们把世界大洋作为地球上水循环的起点。太阳照射着地球,每年要用 $3×10^{23}$ 卡的热量(占地球接受太阳能的25%),将整个地球表面51.1万立方千米的水,蒸发为水汽。其中从大洋表面蒸发的水就有41.1万立方千米,而它的2/3又经大气降水重新落到海洋里,构成水的小循环。其余1/3的水被气流带入大陆上空,和陆地上植物蒸腾的水汽以及从土壤、其他水体中蒸发的水汽合在一起,在陆地上空遇冷凝结,以雨或雪的形式落到地面。每年陆地上的降水量约达10万立方千米。其中一部分被地面植物截留或通过植物及地面重新蒸发到空中;一部分在地面低洼处汇成湖泊及河流,以河水形式重返海洋;另一部分则渗入地下,慢慢汇聚成地下水。地下水在土壤和岩石的孔隙中缓慢地流着,有的重新流到河床里变成河水,有的从地下慢慢流入海洋。此外,地球内部尚能分离出一部分水,通过火山喷发或温泉的形式上升到地面,这种水叫做"原生水"。每年由地球内部分离出的原生水相当有限。

落到地面的雪融化后,以地表水或地下水形式回到海洋。而落到极地或高山上的雪所形成的高山冰川和大陆冰川也在缓慢地运动着,有的直接融化

地球水循环图

补给河流,有的直接缓慢地"爬入"海洋。不过这部分水返回海洋的周期就相当漫长了。

总之,从海洋表面蒸发后,被气流带入陆地上空的那一部分水,最终又通过各种不同的途径重返海洋,水的这种循环叫做大循环。

由此看来,"川流不息"的河水永不会枯竭,因为它是地球上永恒不绝的水循环的一个中间环节。同时我们也注意到,在水循环过程中,运动着的大气是水的一个极为重要的"运输工具"。如果没有它不知疲倦地从海洋向陆地运输着水汽,那么陆地早已成为一片荒漠了。由于地球上永不停息地进行着大规模的水循环,才使地球上的水能够以各种方式重新分配着,并为一切生物提供了生活条件。

 知识点

海陆间循环

地球上的水连续不断地变换地理位置和物理形态(相变)的运动过程,又称水分循环或水文循环。地球上的水包括海洋中的水、大陆上的水、大气中的水及地下水等,以气态、液态和固态形式存在。水循环的过程是:在太阳辐射能的作用下,从海陆表面蒸发的水分,上升到大气中;随着大气的运动和在一定的热力条件下,水汽凝结为液态水降落至地球表面;一部分降水可被植被拦截或被植物散发,降落到地面的水可以形成地表径流;渗入地下的水一部分从表层壤中流和地下径流形式进入河道,成为河川径流的一部分;贮于地下的水,一部分上升至地表供蒸发,一部分向深层渗透,在一定的条件下溢出成为不同形式的泉水;地表水和返回地面的地下水,最终都流入海洋或蒸发到大气中。

地球上的生命
DIQIU SHANG DE SHENGMING

　　世界上的生物种类相当丰富，据不完全统计，全世界大约有 500 万至 5000 万个物种。其中脊椎动物 4 万余种，昆虫 75 万种，高等植物 25 万种……和宇宙其他有生命的星体相比，地球堪称是一个"多产"的星体，所以也有人称地球为生命的摇篮。多种多样的生物不仅维持了自然界的持续发展，而且是人类赖以生存和发展的基础。生物也是国家规定的初高中学科，其目的是为了让学生了解我们所居住的地球及在地球上所生存的生物的奥秘和本质。

地球植物概述

　　由于存在地球大气圈、地球水圈和地表的矿物，在地球上这个合适的温度条件下，形成了适合于生物生存的自然环境。人们通常所说的生物，是指有生命的物体，包括植物、动物和微生物。据估计，现有生存的植物有 40 万种，动物有 110 多万种，微生物有 10 多万种。据统计，在地质历史上曾生存过的生物有 5 亿~10 亿种之多，然而，在地球漫长的演化过程中，绝大部分都已经灭绝了。现存的生物生活在岩石圈的上层部分、大气圈的下层部分和水圈的全部，构成了地球上一个独特的圈层，称为生物圈。生物圈是太阳系所有行星中仅在地球上存在的一个独特圈层。

地球上除了极少数的小片岩石表面、沙漠和建筑物外，其他地区一般都有植物生长着。不管是在终年冰封严寒的极地，还是在深谷和高山上，不管是在海洋里，还是在江河湖塘中，都繁殖着各种植物，甚至在空气中，也有植物的花粉、孢子在飞扬。越是自然条件好的地方，生长着的植物种类和数量也就越多。植物在地球上的作用是很大的，如在空气中大量的游离氧，都是绿色植物光合作用的结果；地球上的土壤和一些矿物的形成，植物也起着重大作用的。因此，我们要认识地球，就必须对地球上分布的植物有所了解。当然，我们认识和了解它们，是为了更好地改造和利用它们。

地球上的植物，有50多万种。它们并不是孤立地生长着，而常常是许多植物聚生在一起，我们把这种生长在一起的植物叫做植被，如森林植被、草原植被、荒漠植被等。由于植被和周围环境之间，存在着相互影响、相互制约的辩证统一的关系，因此在不同的环境里，植被的外貌、结构和植物的种类、成分也有明显的差别。

种子植物

种子植物是植物界最高等的类群。所有的种子植物都有两个基本特征：(1) 体内有维管组织——韧皮部和木质部；(2) 能产生种子并用种子繁殖。种子植物可分为裸子植物和被子植物。裸子植物的种子裸露着，其外层没有果皮包被。被子植物的种子的外层有果皮包被。

地球上的地带性植被

地带性植被就是按照气候带来划分的植被，可划分为热带植被、亚热带植被、温带植被及寒带植被4个主要类型。它们的分界线，基本上和地球上的气候带是一致的。

热带植物是分布在赤道南北纬10度以内的地带。在这一地带内，一般来说，终年高温多雨，生长着许多常绿高大、枝叶茂盛的乔木林，这种森林叫做热带雨林。如美洲的亚马逊河流域和非洲的扎伊尔河流域，都是世界有名的热带雨林区；亚洲的南洋群岛、马来半岛，我国的台湾、两广及云南省的南部，也都是热带雨林区。在热带雨林里，植物的种类很多，其中经济植物就有橡胶、紫檀、木棉、棕榈、咖啡、可可、油椰子、香蕉、金鸡纳树等。可可树的种子含有52%的脂肪和1.5%的可可碱，富有营养并具有兴奋神经的作用。早在几百年前，生活在亚马逊河流域的印第安人，就把可可树的种子磨成粉，和玉米面拌合做成饮料，叫做巧克力。我们现在食品店里的巧克力糖，就是沿用了印第安人使用的名称。在热带雨林中，还攀缘着大量的藤子，这些藤子长达二三百米。此外，还有大量的附生植物，附生在别的树干和树枝上，构成了"空中花园"。

我国热带雨林区的植物资源也很丰富，已经采集利用和引种栽培的有：橡胶、剑麻、海岛棉、椰子、甘蔗、香蕉、荔枝、龙眼、可可、槟榔、胡椒、八角茴香、咖啡、肉桂、芒果等，还有大量的特产药材。

在热带地区，各地也并不都是那么常年多雨，有些地方如非洲的索马里、埃塞俄比亚、苏丹，美洲的巴西、委内瑞拉、圭亚那及秘鲁的东部，亚洲的印度、缅甸、印度尼西亚的东部等地区，年雨量虽然有1500毫米之多，但是有明显的旱、雨季节之分，有的旱季长达4~6个月之久。在旱季里，树木落叶，草本植物干枯；而到了雨季，树木又迅速生长得枝叶茂盛，碧绿苍翠。在这些地区，随着雨量的多少和旱季的长短不同，又可分为季雨林、稀树林和热带草原等不同的植被。

在季雨林植被区，每年有四五个月的旱季。那里盛产黄檀、紫檀、柚木等闻名世界的珍贵用材。

在稀树林植被区，旱季的时间更长，那里生长的树木低矮多分枝，远远望去好似经过修剪的果园。在巴西的稀树林（又名卡汀珈）里，生长着大量的肉质多浆植物。纺锤树是卡汀珈中的一种特殊的植物，它是木棉科中的一种乔木,树干粗大,直径达好几米,上端和下端较小,整个树干像萝卜一样,树干中贮藏着大量的水分,用以抵抗干旱。

在热带草原植被区,天气更加干旱。非洲撒哈拉荒漠南边的热带草原上,代表性的树木有豆科的金合欢和木棉科的猴面包。猴面包长得特别高大,有的高达20余米,直径达9米左右,能生活四五千年,是世界上出名的长寿植物。美洲的墨西哥、圭亚那、委内瑞拉及巴西中部的热带草原,都带有果园型的景色。

在这些有旱、雨季节之分的热带地区,大都已成了农垦区,种植了各种作物和热带经济植物。

亚热带植被分布在亚热带地区,由于气候条件不同,又分为湿润的亚热带、干燥的亚热带、荒漠等三个地区。在湿润的亚热带地区,冬季温暖,夏季多雨,生长着湿润亚热带森林,也叫做照叶林,树木的叶子是常绿而带有光泽的。世界上的湿润亚热带森林,以我国长江流域及台湾省的北部最为典

热带植被

型;此外,还有北美的东南部、非洲的东南部及大洋洲的新西兰等地。在干燥的亚热带地区,冬季多雨,夏季干旱炎热,生长着干燥的亚热带森林,以地中海的沿岸最为典型。在那里,树木生长得低矮,叶子很坚硬,并且常带有茸毛。湿润和干燥的亚热带森林区,是世界上柑桔、柠檬、油桐、胡桃、无花果、栓皮栎、齐墩果、竹、茶等大量经济植物的原产地;同时,这里也是历史悠久的农业区。正由于这样,所以保留的森林面积已经很小了。荒漠地区是亚热带地区、部分温带地区中最干旱的地方。它的面积极其辽阔,在北半球,从非洲北部起向东延伸,经阿拉伯半岛、印度半岛、中亚细亚、我国的西北部、蒙古,直到北美洲的西部;在南半球,则分布在澳大利亚的中部、南美洲的西岸以及南非西南部等地。由于荒漠地区的气候十分干旱,日

地球的外貌
DIQIU DE WAIMAO

照强烈,所以植被非常稀疏,植物的种类也很贫乏,并且都带有旱生的生态特征。如植株低矮,根系扩展,叶子厚而坚硬,其中,有些植物形成肉质多浆的茎、叶,用以贮藏水分。在荒漠地区的沿河两岸和地泉涌出的地方,出现绿洲,闻名的枣椰子和树胶就出产在这些地方。枣椰子以伊拉克出产最多,约占全世界枣椰子总产量的3/4,所以我们也常叫它伊拉克枣。非洲北部的撒哈拉荒漠,是世界上最大的荒漠,面积约900万平万千米,最高温度在70℃以上。大片沙漠上几乎是没有植物,只在砾石荒漠上,可以见到一些带刺的小灌木和一种可供食用的茶渍藓。在非洲南部的荒漠上,具有代表性的植物是松叶菊和百岁兰。百岁兰,树干长约4米,但是大部分埋藏在地下,露出地面的部分只有二三十厘米,它仅生有两片革质的叶子,可以生活100多年。在北美的荒漠上主要生长着一些仙人掌及龙舌兰等肉质多浆植物。在亚洲和澳大利亚的荒漠上,生长着一些藜科植物;它们之间的差别是,亚洲的荒漠上散生着一些柽柳、琐琐、沙拐枣,澳大利亚的荒漠上散生着一些木麻黄、桉树等。在我国的荒漠上,除了上述的一些藜科植物、柽柳、琐琐等外,还有一种叫做胡杨的乔木。胡杨高约10米,寿命可达一二百年,它不仅具有顽强的生命力,并且还有固沙防风的作用。

温带植被一般分布在温带地区,在温带植被中可以划分为落叶阔叶林、针叶林和草原三个主要的类型。

落叶阔叶林主要分布在气候湿润的温带地区,如我国的华北地区就是很典型的落叶阔叶林区。落叶阔叶林的主要特征是,树木是阔叶树种,它们为了适应寒冷和干旱气候,冬季落叶。构成落叶阔叶林的主要树种有山毛榉属、栎属、桦木属、槭属、杨属、柳属等。落叶阔叶林区现在已经看不到原始的景色了,仅在山地丘陵上有时还可见到小片的落叶阔叶树林。在落叶阔叶林区,有大量的温带果树如苹果、桃、梨、杏、李、柿、枣、胡桃、板栗等,另外还有一些用材树种和经济树种。

针叶林是由针叶树种构成的,这些树种大都是属于松柏类。在欧亚大陆上,针叶林分布在落叶阔叶林的北面和内地大陆性气候较强的地方,构成一条宽阔的带状;在北美,针叶林的面积也较大,还生长着不少的特有树种,如铁杉、黄杉、巨杉、金钟柏等,其中巨杉分布于内华达山的西坡,高度约

110米，树龄已达2800年，是世界上少有的古老乔木，被称为"活化石"。我国的针叶林，分布在阿尔泰山的北端和大、小兴安岭山地，代表性的树种有红松、油松、冷杉、云杉、黄花松等。在我国小兴安岭、长白山一带的森林中，除了针叶林外，落叶阔叶林树种也由北向南逐渐地增加，从而构成了针阔混交林这样一个过渡类型。世界上的针叶林分布区，目前还保留着不少的原始森林，它为人们提供了大量的木材及各种工业原料。

落叶阔叶林

草原主要分布在荒漠的外围。在欧亚大陆上，自黑海沿岸向东经过中亚细亚、蒙古国，直到我国的内蒙古自治区、黄河中游及东北的西部，形成了一条东西方向的分布带。此外，在北美洲中部、南美洲南部、非洲的南部，也有大面积的草原。从气候状况来说，草原地区属于半干燥的温带气候。草原植被主要由草本植物和一些小灌木构成，这些草本植物和小灌木为了适应干旱气候，在它们的茎叶上常常带有蜡质和茸毛。草原现已大部分被开垦为农田，在欧洲已无原始的草原，只有在亚洲、美洲尚有部分地区还保存着原始草原的景色。我国的草原是畜牧业生产的基地，在草原上除生长大量的牧草外，还生产大量的药草，如甘草、远志、黄芩、防风、大黄等。

寒带植被又常被称为苔原或冻原，它分布在南、北两极的地区。在那里气候极为寒冷，一年之中都有霜冻，就是在最热的月份里，平均温度也在14℃以下，年降水量在200~300毫米。在北极附近，半年为昼，半年为夜。在这样一个特殊的环境里，植物来不及完成生活周期，所以既没有乔木，也没有一年生的植物，只有一些小灌木紧紧地贴在地面上缓慢地生长着，如北极柳每年只能长高1~5毫米。那里的草本植物主要是莎草科、禾本科和十字花科等。在苔原的地面上，生长着大量的苔藓和地衣，是鹿的冬季饲料，因此，很久以来，苔原就成为驯鹿的场所。

被子植物

被子植物或显花植物是演化阶段最后出现的植物种类。它们首先出现在白垩纪早期，在白垩纪晚期占据了世界上植物界的大部分。被子植物的种子藏在富含营养的果实中，提供了生命发展很好的环境。受精作用可由风当传媒，大部分则是由昆虫或其他动物传导，使得显花植物能广为散布。

地球上的非地带性植被

在地球上，气候条件不仅有水平方向的变化，而且也有垂直方向的变化。随气候垂直方向变化的植被，我们称它为山地植被。在非地带性植被中除山地植被外，还有草甸和沼泽等。

我们知道，在山地，温度是自下而上逐渐降低，每向上升高100米，气温约下降0.6℃；同时，在一定范围内，海拔越高，降水量和相对湿度也越大。气候条件的变化，使山地植被也发生了相应的改变，这种改变，也正像在陆地上从赤道到两极所见到的情景相似，是呈带状分布的，我们叫它为山地植被垂直分布带。山地植被垂直分布和山地所在的纬度有关。在温带地区的山麓，常是由落叶阔叶林开始；而在热带、亚热带地区的山麓，则常是由常绿阔叶林开始；总之，各地带的自然条件都对山地植被的垂直分布有很大的影响。在世界上还不能找出一个山地植被垂直分布带的典型高山来，因此，我们要了解完整的山地植被的垂直分布，就只有到不同纬度的高山上去进行综合观察。

喜马拉雅山珠穆朗玛峰，位于北纬28度，海拔8848.13米，是世界第一高峰，在其南坡，从山脚到山顶，随着海拔高度的增加，可以明显地看到植被的垂直分布。在海拔 1600～2500 米，气候温暖潮湿，森林密茂，是亚热带常绿阔叶林，主要树木有樟、槭、木兰、竹子、无花果等；在海拔 2500～3100 米，出现了由铁杉和阔叶树组成的针阔混交林；在海拔 3000～4000 米，下部是以冷杉为主的针叶林，上部是以桦木为主的疏林；在海拔 4000～4500 米为高山灌丛；在海拔 4500～5000 米为高山草甸；在海拔 5300～5600 米为高山冻原；到海拔 5600 米以上，平均温度终年在 0℃ 以下，为永久积雪带。

位于我国陕西省中部的秦岭，西部海拔为 4113 米。它的北坡上植被垂直分布的状况是：在海拔 600～1000 米，属于山麓地带，下部主要是农耕地，上部生长着一些温带落叶阔叶林，如侧柏林、栎林等；在海拔 1000～2600 米，是由华山松、栎树、桦木等组成的针阔混交林带；在海拔 2600～3500 米，进入了以冷杉、落叶松等为主的针叶林带；海拔 3500 米以上，再也见不到乔木的分布了，而只有匍匐性或矮型的高山灌木，如杜鹃、高山柳、高山绣线菊等，它们往往伏地生长，株高仅 20～30 厘米，此外还有一些草本植物构成高山草甸。

以上两个山地植被垂直分布的情况，清楚地说明了它们虽然同属于非地带性植被，但是却和所在地区的地带性植被有着密切的关系。

生物灭绝

生物灭绝又叫生物绝种。它并不总是匀速的，逐渐进行的，经常会有大规模的集群灭绝，整科、整目甚至整纲的生物可能在很短的时间内彻底消失或仅有极少数残存下来。在集群灭绝过程中，往往是整个分类单元中的所有物种，无论在生态系统中的地位如何，都逃不过这次劫难，而且还常常是很多不同的生物类群一起灭绝，却总有其它一些类群幸免于难，还有一些类群从此诞生或开始繁盛。大规模的集群灭绝有一定的周期性，大约 6300 万年就会发生一次，但集群灭绝对动物的影响最大，而陆生植物的集群灭绝不像动物那样显著。

地球动物概述

动物界的历史，就是动物起源、分化和进化的漫长历程，是一个从单细胞到多细胞，从无脊椎到有脊椎，从低等到高等，从简单到复杂的过程。最早的单细胞的原生动物进化为多细胞的无脊椎动物，逐渐出现了海绵动物门、腔肠动物门、扁形动物门、纽形动物门、线形动物门、环节动物门、软体动物门、节肢动物门、棘皮动物门。由没有脊椎的棘皮动物往前进化出现了脊椎动物，最早的脊椎动物是圆口纲，圆口纲在进化的过程中出现了上下颌、从水生到陆生。两栖动物是最早登上陆地的脊椎动物。虽然两栖动物已经能够登上陆地，但它们仍然没有完全摆脱水域环境的束缚，还必须在水中产卵繁殖并且度过童年时代。从原始的两栖动物继续进化，出现了爬行类。爬行动物可以在陆地上产卵、孵化，完全脱离了对水的依赖性，成为真正的陆生动物。爬行类及其以前的动物都属于变温动物，它们的身体会变得冰冷僵硬，这个时候它们不得不停止活动进入休眠状态。

最原始的原生生物，可能是原始鞭毛虫。现存原生动物中的鞭毛纲动物可能是由这种原始鞭毛虫进化而来，并从它发生出现代原生动物门的其他各纲。多细胞动物起源于单细胞动物，但单细胞动物如何进化到多细胞动物尚未取得一致意见。有人认为多细胞动物来自原始的多核纤毛虫，当它们的细胞质进行分裂并包围每一个核时，便形成了具有纤毛的多细胞实生体；但大部分动物学家认为，多细胞动物是由群体鞭毛虫进化而成的。原始群体鞭毛虫虽仍属原生动物，但细胞间彼此已有了一定的联系，如现存的团藻，已有营养细胞和生殖细胞的分化，细胞间借原生质桥相连，群体中的个体已失去独立生活能力。因此，像团藻那样的生物被看成是由单细胞动物进化到多细胞动物的过渡形态。

生存在海洋中营寄生生活的微小中生动物，是最简单、实心的原始多细胞动物。由于它细胞核内的 DNA 含有 23% 的鸟嘌呤和胞嘧啶，近似于原生动物而低于扁形动物，因此，被认为是最原始的后生动物，是介于原生动物和后生动物之间的类型。

多孔动物门是很古老的类群。由于它具有领细胞，与原生动物门的领鞭毛虫极为近似。因此人们认为它由原始领鞭毛虫进化而来。不过它很早就从多细胞动物的主干上分出；又因它在胚胎发育中有翻转现象，所以多孔动物便成为动物进化中的一个特殊的盲枝，称为侧生动物（或翻转动物），而其他所有的多细胞动物，统称为真多细胞动物或真后生动物。

真多细胞动物首先发展出辐射对称的腔肠动物门。它是典型具有消化腔的两胚层动物，可能来自与浮浪幼虫相似的祖先实球虫，由它发育成原始水母型，再发育成固着的水螅型和复杂的、自由游泳的水母型。而栉水母动物门是自由浮游的动物，与水母类有相似性，体型基本上仍属辐射对称，但两侧辐射对称已较明显。从结构上看，它有些特殊，如不具刺细胞，而具有中胚层原基等。近年，多数动物学家主张把它列为独立的门。

当动物过渡到爬行生活时，便引起头端的分化和两侧对称、中胚层的发展。从原始三胚层动物发出来的进化分枝中，原口动物和后口动物两枝，在结构与功能上都显示出许多重要的进步特征。凡成体的口由原肠胚期的原口（胚孔）发育而来的动物，统称为原口动物。属于原口动物的除了扁形动物门、纽形动物门、颚口动物门、轮虫门、线虫门、线形虫门、软体动物门、环节动物门和节肢动物门等较大的门外，还有一些小的门。

原口动物中的最原始的一门，是无体腔的扁形动物门。可能是先由浮浪幼虫祖先进化到最原始的无肠目，而营

水母——低等的肠腔动物之一

地球的外貌

寄生生活的扁形动物，显然是由营自由生活的种类，经过共生、外寄生，最后再进化到内寄生（如绦虫纲）的，因此而引起一系列器官的改变，如消化系统趋于退化（吸虫纲），甚至完全消失（绦虫纲）等。数目很少的纽形动物门也属无体腔动物。它不仅具有肛门和发达的头神经节，而且还具有初级的闭管式循环系统等。此外，它还具有扁形动物门的一些特征，如具有纤毛上皮、原肾管等，可能是来自营自由生活的扁虫。1972年建立的颚口动物门也是无体腔动物，口位于腹面，无肛门；虽然还没有体腔，但间质已很少，具有单层的纤毛上皮细胞。在进化上，它们与扁形动物和假体腔动物似乎都有亲缘关系。

假体腔是由胚胎期的囊胚腔持续到成虫时形成的，并非由中胚层形成，在体壁与消化管之间无体腔膜包围。假体腔动物中的7个门（轮虫门、腹毛动物门、线虫门、线形动物门、棘头动物门、动吻动物门和内肛动物门）不是一个自然类群，各门除都具有假体腔外，其他的差异较大。因此，它们的亲缘关系较难确定，仅轮虫门和腹毛动物门可能同扁形动物门有较密切的关系。假体腔动物在进化上虽比无体腔动物高级，但它们没有再进一步向前发展，也是进化中的一些盲枝，是介于无体腔动物和真体腔动物之间的类群。

原口动物中的软体动物门开始出现真体腔，它的真体腔是以裂腔法形成的，但不发达，仅存在于围心腔、肾脏和生殖腺腔等处。由于软体动物为螺旋卵裂，并具有担轮幼虫，说明软体动物可能来自担轮幼虫型的祖先。又因担轮幼虫在形态上与海产的扁形动物的牟勒氏幼虫相似，以及最原始的软体动物还保留有梯状神经，这都标志着它与扁形动物可能有亲缘关系。来源于原口动物原始类型最进化的分枝，是身体分节的环节动物门以及由它发展出来的节肢动物门。低等环节动物也是螺旋卵裂，也具有担轮幼虫，这都与软体动物相似，说明它们具有共同的起源。但环节动物出现了分节现象和附肢，真体腔更为发达。此外，还出现了闭管式循环系统和链状神经，这些特征都比软体动物更为进步。环节动物与软体动物虽起源于共同的祖先，但它们向着不同的方向进化发展。由于附肢分节并进一步复杂化，动物体的结构水平提高很多，结果产生出种类最多和适应范围最广的节肢动物门。节肢动物门是原口动物进化发展的顶点,身体分节并具有外骨骼保护;分节的附肢、发达的肌肉和链状神经等,使得结构灵活有力。它们无疑是来自环节动物,但起源是单源还是多源,动物学家都还持有不同看法。有人认为,已灭绝的三叶虫最原始,由它分出一枝进化到有螯亚门,一枝进化到甲壳纲;另有一些相似于现生的原始节肢动物如栉蚕,由它们分出一枝进化到多足纲,另一枝进化到昆虫纲。但有人认为,环节动物门的不同类群是节肢动物的祖先,节肢动物门的不同类群是沿着3个主要方向即三叶虫亚门、有螯亚门(剑尾目和蛛形纲)和有颚亚门(甲壳纲、多足纲和昆虫纲)进化而来的。由此而认为,节肢动物是多源起源的。3个分枝的发展沿着同律分节变为异律分节的途径进行,不但形态上发生改变,而且有的生活方式也由水生过渡到陆生。昆虫纲无疑是节肢动物门的高级代表。

蠕虫门与星虫门很相似,如螺旋卵裂、具有担轮幼虫、无体节、体腔不分隔、后肾管同时具有生殖管的作用等。不同的是,星虫的翻吻与蠕虫的吻并非同源,星虫无刚毛和分节的痕迹。曳鳃动物门具有真体腔,幼虫期相似于成虫期。有关它的进化地位,尚有待进一步研究确定。附肢具有爪的有爪动物门,体型微小不超过1毫米的缓步动物门和营寄生生活的五口动物门,是由环节动物的祖先很早就分出的3枝,但在进化水平上都已超出了环节动物门。它们都属于节枝动物的近亲。从原始三胚层动物还产生三个不同类型的小分枝,它们从寒武纪就已出现,如肛门开口在触手冠之外的外肛动物门、腕足动物和帚虫门。3个类群都营固着生活,具有真体腔、后肾和触手冠。但在进化上彼此间有无直接的亲缘关系,尚未能完全确定,仅一致承认它们是位于原口动物和后口动物之间的类型。过去曾把内肛动物门与外肛动物门合并为苔藓动物门,但前者为假体腔动物,后者为真体腔动物,现今多数动物学家都认为两者应独立成为两个门。

凡原肠胚期的原口成为成体的肛门,而与原口相对的一端,重新开口成为成体的口的动物,统称为后口动物。它们以肠腔法形成中胚层,具有由中胚层形成的内骨骼;神经系统呈索状或管状具有真体腔。后口动物包括毛颚动物门、棘皮动物门、须腕动物门、半索动物门和脊索动物门。毛颚动物门的体壁结构、消化道和无体腔膜等特征都与原口动物相似,是后口动物中的一个特殊分枝。其余后口动物是由与现存的棘皮动物幼虫相似的羽腕幼虫祖先发展而来的。棘皮动物门的多数代表动物是辐射对称的（次生现象，幼体是两侧对称），这与过渡到固着或很少活动有关，在进一步的进化发展中，有些动物又重新形成了两侧对称。须腕动物门过去曾一直被认为是无脊椎动物中最高等的后口动物，但自1970年发现有分节并具有刚毛的尾节种类后，有人认为它们与环节动物门的多毛纲有关。因此，须腕动物门的进化位置尚有争议。由于半索动物（如柱头虫）仅有雏形的脊索（口索），虽有一条不完善的背神经管和鳃裂，但尚有腹神经管，其幼虫又与棘皮动物海星的幼虫极为相似。因此，目前未将它放在脊索动物，处于无脊椎动物和脊索动物之间的位置。从无脊椎动物的进化历程中可以看到，它们的结构和功能的变化，由简单的单细胞到复杂的多细胞；由两胚层到三胚层；由辐射对称到两侧对称；身体由不分节到有体节；由无附肢到有附肢，再到分节附肢；体腔由无体腔到假体腔，再到真体腔等，这一切演变都有利于动物能更好地适应各种不同的水陆生活条件，各类动物之间都有着或近或远的亲缘关系。虽然原口动物在演化中占有重要地位，但后口动物是整个无脊椎动物的主干，由它进化到更高级的脊索动物。

多数动物学家认为脊索动物门起源于棘皮动物。至于脊索动物的祖先可能是原始无头类，它特化为两个分枝，即营固着生活的尾索动物（如海鞘）和趋向于水底生活的头索动物（如文昌鱼）。文昌鱼体内具有一条脊索、中空的背神经管和鳃裂。由原始无头类的主干演化出原始有头类，即脊椎动物的

文昌鱼

祖先。高等动物的脊索和鳃裂只存在于胚胎期。脊索动物门包括尾索动物亚门、头索动物亚门和脊椎动物亚门。脊索动物的进化历程是，从原始无头类演变成原始有头类；由无颌类（化石甲胄鱼、圆口类）演变成有颌类（鱼类祖先）；从水生生活到陆生生活；从无羊膜类到有羊膜类；从变温动物到恒温动物。淡水水域中出现了最早的脊椎动物（甲胄鱼），古生代的志留纪和泥盆纪被称为"鱼类时代"。盾皮鱼类、软骨鱼类和硬骨鱼类从志留纪起，就先后出现，但盾皮鱼在泥盆纪末期就已绝灭，而软骨鱼和硬骨鱼至今仍繁生在各种水域中。两栖类在泥盆纪时出现，在古生代晚期的石炭纪为极盛时期。石炭纪末期，由原始的两栖类进化发展出爬行类。到了中生代，整个自然界几乎被爬行类所占据，所以常称中生代是"爬行类时代"。当前，一般认为爬行类很可能起源于两栖动物迷齿类中的石炭螈类，特别是该类中的蜥螈形类。

在距今1.4亿多年前的晚侏罗纪，出现了最早的鸟类。鸟类起源于爬行类。到新生代第三纪，鸟类的种类显著增多，主要由于具有恒定体温，减少对环境的依赖性，又由于适应飞翔的生活方式，在形态结构和生理功能上引起了特化，逐渐发展成现代的鸟类。哺乳类（兽类）也起源于爬行类（兽孔类）。到了7000万年前，即新生代的开始，哺乳类由于在长期历史的发展过程中，逐渐出现一系列进步性特征，因此，哺乳类便取代了爬行类而在动物界占了优势地位，所以常称新生代第三纪为"哺乳动物时代"。

陆地上的自然环境多姿多彩，为动物的进化开辟了新的适应方向，爬行动物在陆地出现以后，向各个方向辐射、分化，更高级的鸟类和哺乳类应运而生，当哺乳动物进一步往前发展时，人类终于脱颖而出。从爬行类以后出现的动物都属于恒温动物，具有恒定的体温，能适应各种各样复杂的环境。

总之，生物的进化历程可以概括为：由简单到复杂，由低等到高等，由水生到陆生。某些两栖类进化成原始的爬行类，某些爬行类又进化成为原始的鸟类和哺乳类。各类动物的结构逐渐变得复杂，生活环境逐渐由水中到陆地，最终完全适应了陆上生活。

地球的外貌

有袋类

有袋类是哺乳类动物中的一种，其特征是早产，早产儿会待在母体之育儿袋里吸奶长大。该类动物以其口袋状之育儿袋得名。育儿袋是一层覆盖乳头的皮肤，以没有真正的胎盘，出生时幼兽发育不全，需要在育儿袋内抚育后代为特征。现只有在大洋洲和南美洲保存有并且非常繁盛。现存的有袋类可以分成美洲的负鼠、新袋鼠（鼠），大洋洲的袋鼬（包括袋鼬、袋狼和袋鼹等）、袋狸和袋貂（包括袋鼠、袋貂和袋熊等）5大类。

千姿百态的地球风貌
QIANZI BAITAI DE DIQIU FENGMAO

　　人们习惯用"沧海桑田"来形容世事变化很大。其实，"沧海桑田"是地球上的一种自然现象，意思是海洋会变为陆地，陆地也会变为海洋。当大陆上的冰川融化成水，流入海洋，海面就会升高，近海的陆地或低洼地区，就会变成海洋。相反，河流每时每刻都在把泥沙带入海中，天长日久也会将一部分海滨冲积成陆地。地球的面貌就是这样不停地改变着，今天的沙漠在几亿年前很可能就是一片汪洋的大海，今天的高山很久以前没准儿就是一片广阔的平原。大约从距今45亿年前开始到24亿年以前，那时地球上只有深浅多变的广阔海洋，没有宽广的大陆。海洋中分散着一些火山岛，一片荒凉。后来随着造山运动、地壳运动、冰川运动等一系列地质活动，陆地出现了。又过了很多年，基本形成了现代地貌。这时的地球风景秀丽、峰峦叠嶂，地形错落有致，各种地貌奇观争奇斗艳，美丽的地球呈现在人们面前。

■ 什么是地球风貌

　　地表风貌是在地球内外动力的综合作用下形成的具有不同层次或规模的地表形态的总称。由此可以得出以下几点认识：

地球的外貌

地貌是地表起伏形态的总称。地球表面不是光滑的球面，有平原、有高山、有高原、有峡谷等，这些地表形态的总称即为地貌。根据地表起伏状况，可将地貌分为：

正地貌——相对突起的地貌，如高山、丘陵等。

负地貌——相对凹陷的地貌，如河谷、盆地等。

地貌的形成动力是地球内外动力（地貌营力）。地球表面为什么不是光滑的平面，而呈现出形形色色的地表形态呢？主要是地貌营力造成的，根据地貌营力的能量最终来源，可将地貌营力分为地貌内营力和外营力两种。

地貌内营力是地球内部能量的积累与释放所产生的地貌作用力。构造运动、褶皱运动、岩浆运动、断裂运动、地震等都是由地貌内营力。

这些地球内能的各种释放形式，都能使地表发生形态变化。假设地壳形成之初是光滑的，经过以上几种运动之后，即可形成高山、峡谷，使地表起伏不平。如褶皱成山成谷，断裂成谷，岩浆活动成火山堆等。其总的趋势是使地表起伏不平。

地貌外营力是地球外部的太阳能输入地表所产生的地貌营力。流水作用、冰川作用、风沙作用、波浪作用等都是地貌外营力。

这些作用都是太阳能输入地表而产生的，如气温和气压的分布不均，可导致各种天气现象（如风、雨、霜、雪等），对原来的地表形态具有改造作用，如流水能形成河谷，风能形成沙丘，波浪能形成海蚀穴、海蚀崖等。

由上述可见：地貌内营力和外营力的能量来源不同，表现形式也不一样。内力作用使地表起伏不平，而外力作用对地表不断地进行侵蚀、剥蚀，并把破坏了的物质带到低洼处堆积起来，总的趋势是力求夷平高地，填平低地。所以地貌内外营力的作用方向是矛盾的、对立的。

然而它们又是统一的，因为它们互为条件。例如地球内能的积累与释放使地表起伏不平，为外力作用提供了条件，高地不断地被侵蚀和剥蚀，低地逐渐地被填平。当外力作用到一定的时候，原来的均衡状态被破坏，可以促使地壳运动的发生，重新导致地表形态的变化。另外，目前我们看到的各种地貌形态都是地貌内外营力综合作用的产物，只不过有时内营力占主导地位，有时外营力占主导地位而已。

由此可见，地貌内外营力之间遵循着对立统一规律，相互斗争而存在，相互矛盾而发展。

地貌具有不同的层次或规模，可分为大、中、小地貌不同层次或规模，如最高一级为大陆和海洋盆地；在大陆和海洋盆地一级中可以划分出次一级的地貌单位，如大陆可以划分为山地、高原、平原、盆地等；在山地、高原等不同地貌单位内部仍可划分为更次一级的地貌单位，如山地可划分为分水岭、河谷等。当然河谷还可以进一步划分出更低级的地貌单位。

根据地貌内外营力的表现形式可以划分为以下几种主要类型：

构造地貌——受地壳运动控制的地貌。

重力地貌——主要受重力作用所形成的地貌。

流水地貌——由于流水作用所形成的地貌。

岩溶地貌——在可溶性岩地区由于地表和地下水岩溶作用所形成的地貌。

冰川地貌——由于冰川作用所形成的地貌。

冻土地貌——由于冻土层中冻融作用所形成的地貌。

风沙地貌——由于风力作用形成的地貌。

黄土地貌——由于黄土的堆积所形成的地貌。

海岸地貌——由于波浪作用所形成的地貌。

地球上的山

一、喜马拉雅山

喜马拉雅山脉耸立在青藏高原南缘，是亚洲最雄伟的山脉，包括世界上多座最高的山，有110多座山峰高达或超过海拔7300米。其中之一是世界最高峰珠穆朗玛峰。这些山的伟岸峰巅耸立在永久雪线之上。

该山脉形成印度次大陆的北部边界及其与北部大陆之间几乎不可逾越的屏障，是从北非至东南亚太平洋海岸环绕半个世界的巨大山带的组成部分。喜马拉雅山脉本体在查谟和克什米尔有争议地区的帕尔巴特峰至西藏南迦巴

地球的外貌

瓦峰之间，从西向东连绵不断横亘 2500 千米。喜马拉雅山脉从南至北的宽度在 201～402 千米之间，总面积约为 594400 平方千米。

喜马拉雅山脉最典型的特征是扶摇直上的高度，一侧陡峭参差不齐的山峰，令人惊叹不止的山谷和高山冰川，被侵蚀作用深深切割的地形，深不可测的河流峡谷，复杂的地质构造，表现出动植物和气候不同生态联系的系列海拔带（或区）。从南面看，喜马拉雅山脉就像是一弯硕大的新月，主光轴超出雪线之上，雪原、高山冰川和雪崩全都向低谷冰川供水，后者从而成为大多数喜马拉雅山脉河流的源头。不过，喜马拉雅山脉的大部分却在雪线之下。创造了这一山脉的造山作用至今依然活跃，并有水流侵蚀和大规模的山崩。

喜马拉雅山脉可以分为 4 条平行的纵向的不同宽度的山带，每条山带都具鲜明的地形特征和自己的地质史。它们从南至北被命名为外或亚喜马拉雅山脉；小或低喜马拉雅山脉；大或高喜马拉雅山脉以及特提斯或西藏喜马拉雅山脉。

喜马拉雅山脉在地势结构上并不对称，北坡平缓，南坡陡峻。在北坡山麓地带，是我国青藏高原湖盆带，湖滨牧草丰美，是良好的牧场。流向印度洋的大河，几乎都发源于北坡，切穿大喜马拉雅山脉，形成 3000～4000 米深的大峡谷，河水奔流，势如飞瀑，蕴藏着巨大的水力资源。喜马拉雅山连绵成群的高峰挡住了从印度洋上吹来的湿润气流。因此，喜马拉雅山的南坡雨量充沛，植被茂盛，而北坡的雨量较少，植被稀疏，形成鲜明的对比。随着山地高度的增加，高山地区的自然景象也不断变化，形成明显的垂直自然带。

据地质考察证实，早在 20 亿年前，现在的喜马拉雅山脉

喜马拉雅山冰雪覆盖的山峰

的广大地区是一片汪洋大海，称古地中海，它经历了整个漫长的地质时期，一直持续到距今 3000 万年前的新生代早第三纪末期，那时这个地区的地壳运动，总的趋势是连续下降，在下降过程中，海盆里堆积了厚达 30000 余米的海相沉积岩层。到早第三纪末期，地壳发生了一次强烈的造山运动，在地质上称为"喜马拉雅运动"，使这一地区逐渐隆起，形成了世界上最雄伟的山脉。经地质考察证明，喜马拉雅的构造运动至今尚未结束，仅在第四纪冰期之后，它又升高。

二、阿尔卑斯山

阿尔卑斯山是欧洲最高大的山脉。位于欧洲南部，呈一弧形，东西延伸，长 1200 多千米，平均海拔 3000 米左右，最高峰勃朗峰海拔 4810 米。山势雄伟，风景幽美，许多高峰终年积雪。晶莹的雪峰、浓密的树林和清澈的山间流水共同组成了阿尔卑斯山脉迷人的风光。欧洲许多大河都发源于此，水力资源丰富，为旅游、度假、疗养胜地。

阿尔卑斯山脉的气候成为中欧温带大陆性气候和南欧亚热带气候的分界线。山地气候冬凉夏暖。大致每升高 200 米，温度下降 1℃，在海拔 2000 米处年平均气温为 0℃。整个阿尔卑斯山湿度很大。年降水量一般为 1200～2000 毫米。海拔 3000 米左右为最大降水带。边缘地区年降水量和山脉内部年降水量差异很大。海拔 3200 米以上为终年积雪区。阿尔卑斯山脉是欧洲许多河流的发源地和分水岭。多瑙河、莱茵河、波河、罗讷河都发源于此。山地河流上游，水流湍急，水力资源丰富，有利于发电。

山脉主干向西南方向

冰雪覆盖下的阿尔卑斯山

地球的外貌
DIQIU DE WAIMAO

延伸为比利牛斯山脉,向南延伸为亚平宁山脉,向东南方向延伸为迪纳拉山脉,向东延伸为喀尔巴阡山脉。阿尔卑斯山脉可分为三段。西段西阿尔卑斯山从地中海岸,经法国东南部和意大利的西北部,到瑞士边境的大圣伯纳德山口附近,为山系最窄部分,也是高峰最集中的山段。在蓝天映衬下洁白如银的勃朗峰(4810米)是整个山脉的最高点,位于法国和意大利边界。中段中阿尔卑斯山,介于大圣伯纳德山口和博登湖之间,宽度最大,有马特峰(4479米)和蒙特罗莎峰(4634米)。东段东阿尔卑斯山在博登湖以东,海拔低于西、中两段阿尔卑斯山。

勃朗峰

阿尔卑斯山脉是古地中海的一部分。早在1.8亿年前,由于板块运动,北大西洋扩张,南面的非洲板块向北面推进,古地中海下面的岩层受到挤压弯曲,向上拱起,由此造成的非洲和欧洲间相对运动形成的阿尔卑斯山系,其构造既年轻又复杂。阿尔卑斯造山运动时形成一种褶皱与断层相结合的大型构造推覆体,使一些巨大岩体被掀起移动数十千米,覆盖在其他岩体之上,形成了大型水平状的平卧褶皱。西阿尔卑斯山是这种推覆体构造的典型。

更新世时阿尔卑斯山脉是欧洲最大的山地冰川中心。山区为厚达1千米的冰盖所覆,除少数高峰突出冰面构成岛状山峰外,各种类型冰川地貌都很发育,冰蚀地貌尤其典型,许多山峰岩石嶙峋,角锋尖锐,挺拔峻峭,并有许多冰蚀崖、U形谷、冰斗、悬谷、冰蚀湖等以及冰碛地貌广泛分布。现在还有1200多条现代冰川,总面积约4000平方千米,其中以中阿尔卑斯山麓瑞士西南的阿莱奇冰川最大,长约22.5千米,面积约130平方千米。

阿尔卑斯山除了主山系外,还有四条支脉伸向中南欧各地:向西一条伸进伊比利亚半岛,称为比利牛斯山阿尔卑斯山脉;向南一条为亚平宁山脉,它构成了亚平宁半岛的主脊;东南一条称迪纳拉山脉,它纵贯整个巴尔干半岛的西侧,并伸入地中海,经克里特岛和塞浦路斯岛直抵小亚细亚半岛;东北一条称喀尔巴阡山脉,它在东欧平原的南侧一连拐了两个大弯然后自保加利亚直临黑海之滨。

三、安第斯山

安第斯山是世界上最长的山脉,几乎是喜玛拉雅山脉三倍半,属美洲科迪勒拉山系,是科迪勒拉山系主干。纵贯南美大陆西部,大体上与太平洋岸平行,其北段支脉沿加勒比海岸伸入特立尼达岛,南段伸至火地岛。跨委内瑞拉、哥伦比亚、厄瓜多尔、秘鲁、玻利维亚、智利、阿根廷等国,全长约8900千米。一般宽约300千米,最宽处在阿里卡至圣他克卢斯之间,宽约750千米。整个山脉的平均海拔3660米,有许多高峰终年积雪,海拔超过6000米,由一系列平行山脉和横断山体组成,间有高原和谷地。海拔多在3000米以上,超过6000米的高峰有50多座,其中汉科乌马山海拔7010米,为西半球的最高峰。地质上属年青的褶皱山系,地形复杂。南段低狭单一,山体破碎,冰川发达,多冰川湖;中段高度最大,夹有宽广的山间高原和深谷,是印加人文化的发祥地;北段山脉条状分支,间有广谷和低地,多火山,地震频繁。安第斯山最高峰是位于阿根廷内的阿空加瓜山,海拔6962米,是世界上最高的火山,

雄伟的安第斯山

地球的外貌
DIQIU DE WAIMAO

也是最高的死火山。此外安第斯山脉中的哥多伯西峰是世界最高的活火山，海拔5897米，是南美洲诸多重要河流的发源地。气候和植被类型复杂多样，有丰富森林资源以及铜、锡、银、金、铂、锂、锌、铋、钒、钨、硝石等重要矿藏。山中多垭口，有横贯大陆的铁路通过，泛美公路沿纵向谷地和海岸沟通安第斯山区各国。

安第斯山脉从南美洲的南端到最北面的加勒比海岸绵亘约形成一道连续不断的屏障。安地斯山脉将狭窄的西海岸地区同大陆的其余部分分开，是地球重要的地形特征之一，它对山脉本身及其周围地区的生存条件产生深刻的影响。

安地斯山脉不是由众多高大的山峰沿一条单线组成，而是由许多连续不断的平行山脉和横断山脉（或科迪勒拉）组成的，其间有许多高原和洼地，分别称为东科迪勒拉和西科迪勒拉，东、西山脉界线分明，勾勒出了该山系的主体特征。东、西科迪勒拉总的方向是南北走向，但东科迪勒拉有几处向东凸出，形成形似半岛的孤立山脉，或像位于阿根廷、智利、玻利维亚和秘鲁毗连地区的阿尔蒂普拉诺那样的山间高原。

约2.5亿年前，组成地球大陆块的地壳板块结合成超级大陆——盘古大陆。后来盘古大陆及其南部贡德瓦纳古陆发生分裂，板块向外分散，便形成现在的几个大陆。南美洲大陆板块与纳斯卡大洋板块互相碰撞（或会合），产生造山运动，因而形成安地斯山脉。

褶皱山系

岩层在地质构造运动的作用下出现的层理弯曲，其连续性未受破坏的一种构造变形，又称褶曲。一个弯曲的中心叫轴部，轴部的两侧为翼部。根据褶曲的方向，可分为向斜和背斜两类。一系列褶曲的组合即成为复向斜和复背斜。褶皱对地貌形态有重要影响，世界上绝大部分的山脉都是褶皱山脉，如喜马拉雅山、阿尔卑斯山。

地球上的高原

一、青藏高原

青藏高原是我国最大的高原，在我国西南部，也是世界上最高的高原，有"世界屋脊"之称，包括西藏自治区和青海省的全部、四川省西部、新疆维吾尔自治区南部，以及甘肃、云南的一部分。面积240万平方千米，平均海拔4000~5000米。

青藏高原一角

高原周围大山环绕，南有喜马拉雅山，北有昆仑山和祁连山，西为喀喇昆仑山，东为横断山脉。高原内还有唐古拉山、冈底斯山、念青唐古拉山等。这些山脉海拔大多超过6000米，还有不少山峰超过8000米。高原内部被山脉分隔成许多盆地、山谷。谷内湖泊众多，青海湖、纳木湖等都是内陆咸水湖，盛产食盐、硼砂、芒硝等。这些湖泊主要靠周围高山冰雪融水补给，而且大部分都是自立门户，独成"一家"。青藏高原还是亚洲许多大河的发源

地球的外貌

地。长江、黄河、澜沧江（下游为湄公河）、怒江（下游称萨尔温江）、森格藏布河（印度河）、雅鲁藏布江（下游称布拉马普得拉河）以及塔里木河等都发源于此，水力资源丰富。

青藏高原有确切证据的地质历史可以追溯到距今4亿～5亿年前的奥陶纪，其后青藏地区各部分曾有过不同的地壳升降，或为海水淹没，或为陆地。到2.8亿年前（地质年代的早二叠世），现在的青藏高原是波涛汹涌的辽阔海洋。这片海域横贯现在欧亚大陆的南部地区，与北非、南欧、西亚和东南亚的海域沟通，称为"特提斯海"或"古地中海"，当时特提斯海地区的气候温暖，成为海洋动植物发育繁盛的地域。其南北两侧是已被分裂开的原始古陆（也称泛大陆），南边称冈瓦纳大陆，包括现在的南美洲、非洲、澳大利亚、南极洲和南亚次大陆；北边的大陆称为欧亚大陆，也称劳亚大陆，包括现在的欧洲、亚洲和北美洲。

高原雪山云海

2.4亿年前，由于板块运动，分离出来的印度板块以较快的速度向北移动、挤压，其北部发生了强烈的褶皱断裂和抬升，促使昆仑山和可可西里地区隆生为陆地。随着印度板块继续向北插入古洋壳下，并推动着洋壳不断发生断裂，约在2.1亿年前，特提斯海北部再次进入构造活跃期，北羌塘地区、喀喇昆仑山、唐古拉山、横断山脉脱离了海浸。到了距今8000万年前，印度板块继续向北漂移，又一次引起了强烈的构造运动。冈底斯山、念青唐古拉山地区急剧上升，藏北地区和部分藏南地区也脱离海洋成为陆地。整个地势宽展舒缓，河流纵横，湖泊密布，其间有广阔的平原，气候湿润，丛林茂盛。高原的地貌格局基本形成。地质学上把这段高原崛起的构造运动称为喜马拉雅运动。青藏高原的抬升过程不是匀速的运动,不是一次性的猛增,而是经历了几个不同的上升阶段。每次抬升都使高原地貌得以演进。

距今 1 万年前,高原抬升速度更快,以平均每年 7 厘米速度上升,使之成为当今地球上的"世界屋脊"。

二、巴西高原

巴西高原是世界面积最大的高原,位于巴西东南部,大部在米纳斯吉拉斯州和圣保罗州境内,面积有 500 多万平方千米。巴西高原地面起伏平缓,向西、北倾斜,花岗岩、片麻岩、片岩、千枚岩、石英岩等古老基底岩系出露地表。其中东部岩性坚硬的石英岩、片岩部分,表现为脊状山岭或断块山,凸出于高原之上;西部即戈亚斯高原和马托格罗索高原,具有桌状高地特征。中部,在构造上为陆台的坳陷地带,其后期沉积由于层次平展,岩性坚硬,在地形上均具有桌状高地或方山特征;巴拉那谷地的辉绿岩高原,是世界上面积最大的熔岩高原之一。高原边缘部分普遍形成缓急不等的崖坡,河流多陡落成为瀑布或急流,切成峡谷。巴西高原由于近期上升的结果,其边缘普遍形成缓急不等的崖坡,河流流经其间多陡落成为瀑布或急流,并切割成峡

巴西高原

谷，高原多森林、草原、矿产及水力资源非常丰富。

巴西高原东部有高高的脊状山岭，在里约热内卢到圣多斯一带，形成了大西洋沿岸大峭壁。大峭壁背负高原，面对大洋，从大西洋中远远望去，就像一座铜墙铁壁屹立在大洋彼岸。

与高原、山脉形成强烈对比的是盆地和洼地。世界上最低的盆地是我国新疆的吐鲁番盆地，它的最低点为海拔 -154 米。最低的洼地在亚洲西南边缘约旦与巴勒斯坦之间的"死海"，其水面高度比海拔低 397 米。

地球大陆上还有众多的河流和湖泊。世界上最长的河流是非洲的尼罗河，全长 6650 千米。其次是南美洲的亚马逊河，全长 6400 千米。我国的长江全长 6380 千米，名列第三。世界最大的淡水湖是北美洲中部高原地区的苏必利尔湖，面积 82410 平方千米；最大的咸水湖是亚洲西部的里海，面积约 37 万平方千米。

地质学家研究认为，在太古时代，地球上所有的陆地都是连在一起的，后来因强烈的地壳运动，这块大板块四分五裂，分散漂移而形成了现今的海陆分布。科学家们惊奇地发现：地球上的七大洲大陆就像"七巧板"，可以相当吻合地拼合在一起。其中北美洲和南美洲组成一对，欧洲和非洲组成一对，亚洲和大洋洲组成一对，这三对大陆自西向东排列在一起，构成了原始的大板块，剩下的南极洲正好补在三对大陆在南半球的空缺位置上。后来，这七块板块逐渐发生断裂：亚洲与大洋洲分离，欧洲与非洲分离，美洲大陆和欧非大陆分离，南极大陆也孤零零地越漂越远。直至今日，这些大板块还在悄悄地移动。

三、蒙古高原

蒙古高原是东亚内陆高原。东界大兴安岭，西界阿尔泰山脉，北界萨彦岭、肯特山、雅布洛诺夫山脉，南界阴山山脉，包括蒙古全部、俄罗斯南部和中国北部部分地区。面积约 260 万平方千米，大部为古老台地，仅西北部多山地，东南部为广阔的戈壁，中部和东部为大片丘陵。高原平均海拔 1580 米，地势自西向东逐渐降低。较大河流有色楞格河、克鲁伦河、鄂嫩河—石勒喀河、海拉尔河—额尔古纳河、黑龙江等。较大湖泊有乌布苏诺尔湖、库苏泊、吉尔吉斯湖、哈腊乌斯湖和哈腊湖。温带大陆性气候，冬季严寒漫长，夏季炎热短暂，降水稀少，以牧业为主，种植业和林业占少量比重。工业极不发达，仅有零星的畜产品加工业。

内蒙古高原是蒙古高原的一部分。位于阴山山脉之北，大兴安岭以西，北至国界，西至东经106度附近。介于北纬40度20分~50度50分，东经106度~121度40分。面积约34万平方千米。行政区划包括呼伦贝尔盟西部，锡林郭勒盟大部，乌兰察布盟和巴彦淖尔盟的北部。广义的内蒙古高原还包括阴山以南的鄂尔多斯高原和贺兰山以西的阿拉善高原。

内蒙古高原一般海拔1000~1200米，南高北低，北部形成东西向低地，最低海拔降至600米左右，在中蒙边境一带是断续相连的干燥剥蚀残丘，相对高度约百米。高原地面坦荡完整，起伏和缓，古剥蚀夷平面显著，风沙广布，古有"瀚海"之称。地质上古生代末期华力西运动使蒙古地槽褶皱隆起，燕山运动只发生广泛而和缓的挠曲和断裂。喜马拉雅运动和新构造运动使高原普遍抬升，并有大规模的玄武岩喷溢，填充了低洼处形成熔岩台地，广布于高原东部，台地呈阶梯状，台面略有起伏。

高原上普遍存有5级夷平面，形成层状高原。燕山运动挠曲下陷地区，第三系湖相沉积层堆积甚厚，扩大了平地面范围。新生代以来，气候虽有冷温干湿的交替，但均属半干旱和干旱气候，高原面分割轻微，过去形成的剥蚀夷平面大部得以形成平坦而较完整的高原。

内蒙古高原戈壁、沙漠、沙地依次从西北向东南略呈弧形分布：高原西北部边缘为砾质戈壁，往东南为砂质戈壁，高原中部和东南部为伏沙和明沙。伏沙带分布于阴山北麓和大兴安岭西麓，呈弧形断续相连；明沙主要有巴音戈壁沙漠、海里斯沙漠、白音察干沙漠、浑善达克沙地、乌珠穆沁沙地、呼伦贝尔沙地等。

世界上著名的高原还有：印度半岛的德干高原，面积约200万平方千米；亚洲西部的伊朗高原，面积约为250万平方千米，高度多在1000~2000米；阿拉伯高原，面积约350万平方千米，高度由东部的200米一直向西上升到1000米以上。整个非洲是一个高原型大陆，位于东北部的埃塞俄比亚高原，高约2000米，其他大部分地区的高度在1000~1500米。在东非高原上，湖泊众多，既大又深，如坦噶尼喀湖，面积达3万平方千米，深达1435米，是仅次于贝加尔湖的世界第二深水湖。

辽阔的平原

平原是海拔较低的平坦的广大地区，海拔多在0～500米，一般都在沿海地区。海拔0～200米的叫低平原，200～500米的叫高平原。按成因分类，平原可分为冲积平原、海蚀平原、冰碛平原、冰蚀平原等。

一、美索不达米亚平原

美索不达米亚平原绝大部分在伊拉克境内和叙利亚东北部。东起伊朗高原西缘，南抵波斯湾，西达叙利亚沙漠，北至亚美尼亚山区。地势低平，平均海拔200米以下，从北向南倾斜，巴格达以北为上美索不达米亚也叫亚述，地势略高，丘陵起伏。以南称下美索不达米亚也叫巴比伦尼亚，地低多湖沼。底格里斯河和幼发拉底河在南部汇合成为阿拉伯河，形成三角洲。两河流域的平原从西北伸向东南，形似新月，有"肥沃新月"之称。古时这一地区农业发达，依灌溉之便利，河渠纵横，土地肥沃。该区东北部山区属地中海气候，其余属亚热带干旱、半干旱气候。年降水量从北部的500毫米，到南部降为不足100毫米。地处地中海与波斯湾之间，又是小亚细亚、伊朗高原和阿拉伯半岛的中心地区，是西亚交通要地和各民族交汇的地区。美索不达米亚平原是波斯湾一部分，由底格里斯河和幼发拉底河冲积而成。地势北高南低。北部地势起伏，南部多沼泽。海拔多在200米以下，气候干燥，产椰枣、大麦、玉米等。

二、亚马逊平原

亚马逊平原也称亚马逊盆地或亚马逊流域，是世界最大的冲积平原，位于南美洲北部亚马逊河中下游。介于巴西高原和圭亚那高原之间，西抵安第斯山麓，东滨大西洋，跨居巴西、秘鲁、哥伦比亚和玻利维亚4国领土，面

千姿百态的地球风貌

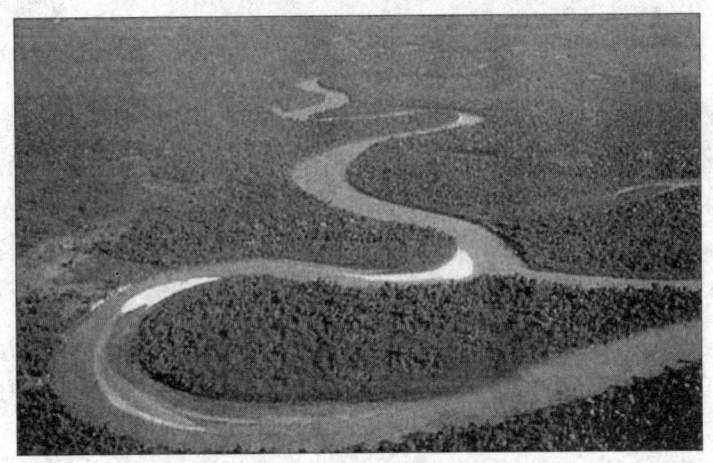

亚马逊平原

积达 560 万平方千米（其中巴西境内 220 多万平方千米，约占该国领土 1/3）。平原西宽东窄，地势低平坦荡。最宽处 1280 千米，大部分在海拔 150 米以下，平原中部马瑙斯附近只有海拔 44 米，东部更低，逐渐接近海平面。平原是在南美洲陆台亚马逊坳陷基础上，经第四纪上升、成陆后，由亚马逊河干流、支流冲积而成。平原降水多，原因是受东北信风和东南信风影响。

亚马逊平原是世界上最大的热带雨林区，蕴藏着世界 1/5 的森林资源。植物茂盛，种类繁多，特有种占 1/3。乔木以桃金娘科、芸香科、楝科、樟科、棕榈科、夹竹桃科等树种占优势。盛产红木、乌木、绿木、巴西果、三叶胶、乳木、象牙椰子等多种经济林木，富藏石油、锡等矿产资源。平原人烟稀少，交通不便，大部分地区尚未得到充分开发。

西西伯利亚平原是世界最大的平原之一。位于俄罗斯境内，西起乌拉山麓，东至叶尼塞河谷，北临喀拉海，南抵图尔盖高原、哈萨克褶皱地区和阿尔泰山地，面积 300 万平方千米。主要河流有鄂毕河、额尔齐斯河及叶尼塞河。该地区由古老地壳和 6500 万年以上的水平沉积层构成，冰河时期的沉积层向南延伸远至鄂毕河与额尔齐斯河汇合处，在个别地方形成低丘和山岭，但其他广大地区极为平坦且无排水渠道，植被大部分为针叶林，低地有大型油田和天然气矿床。

地球的外貌

三、西西伯利亚平原

西西伯利亚平原地势开阔平坦，南部海拔220～300米，中、北部海拔50～150米。地势低平，沼泽广布，属亚寒带、寒带大陆性气候。自北而南，苔原、森林、森林草原、草原景观平行分布，具典型的纬度地带性分布规律，大部分地区为亚寒带针叶林所覆盖。石油、天然气资源丰富，有著名的秋明油田区。中部和北部人口密度较低，南部随着对燃料、金属资源的开发而不断发展，形成了以秋明油田、库兹巴斯煤田、托木斯克铁矿为中心的工矿业基地。森林总面积6000万公顷。南部的巴拉宾、伊希姆和库隆达草原大部已开垦。为全俄重要的乳用畜牧业和谷物产区之一。

这个地区只有个别地方有一些低矮的小丘和山，其他广大地区都极为平坦。人们称西西伯利亚平原为世界最平坦的平原，因为在它的南北方向上，3000千米之间的地形高度差竟不超过百米。平原上主要的河流有鄂毕河、叶尼塞河和额尔齐斯河。其中额尔齐斯河发源于我国新疆，它是我国惟一一条流入北冰洋的外流河。由于西西伯利亚平原的地形非常平坦，这里的河流流速也就非常的缓慢。每年春季，由南向北流的鄂毕河总是上游先解冻，鄂毕河水系纵贯全境，河网密布（约有2000多条大小河流），湖泊众多，沼泽连片。而北方的下游此时还是冰封状态，结果是上游来水无法顺利通过，造成冰水泛滥。年复一年的这种情况，使这里形成了大片的沼泽和湿地。西西伯利亚平原之所以这样平坦，是因为它的地下是一片坚硬而古老的地壳。我们知道，越是年轻的地壳越是不稳定。除此之外，寒冷的气候使风化作用降低，古老的地壳便较容易地保留下来了。

西西伯利亚平原

地球上的海洋

前面我们已经讲过,海洋占地球表面的71%,总面积约3.6亿平方千米。海和洋不同,洋的面积大,彼此相连,占海洋总面积的89%,水深一般在3000米以上,水的温度和盐度不受大陆影响,水体呈蓝色,透明度大。世界上有四大洋:太平洋、大西洋、印度洋、北冰洋。海的面积只占海洋总面积的11%,水深一般不都不到3000米,水温受大陆水温受大陆季节性变化的影响,水体多呈黄、绿色,透明度小。海可分为陆间海、内陆海和边缘海三种类型,如地中海、红海为陆间海,我国的渤海为内陆海,东海、南海为边缘海。

一、太平洋

太平洋是世界第一大洋,位于亚洲、大洋洲、南极洲、拉丁美洲和北美洲大陆之间,南北长约1.59万千米,东西最宽处1.99万千米。西南以塔斯

浩瀚太平洋

地球的外貌

DIQIU DE WAIMAO

马尼亚岛东南角至南极大陆的经线（东经146度51分）与印度洋分界，东南以通过拉丁美洲南端合恩角的经线与大西洋分界，北部经狭窄的白令海峡与北冰洋相接，东经巴拿马运河和麦哲伦海峡、德雷克海峡与大西洋沟通，西经马六甲海峡、巽他海峡通往印度洋。太平洋的面积约1.8亿平方千米，占地球表面总面积的35.2%，比陆地总面积还大，占世界海洋总面积的一半，水体体积为7.2亿平方千米平均深度超过4000米，最深的马里亚纳海沟深达11034米。太平洋是世界上岛屿最多的大洋，海岛面积有440多万平方千米，约占世界岛屿总面积的45%。横亘在太平洋和印度洋之间的马来群岛，东西延展约4500千米；纵列于亚洲大陆东部边缘海与太平洋之间的阿留申群岛、千岛群岛、日本群岛、琉球群岛、台湾岛和菲律宾群岛，南北伸展约9500千米，把太平洋西部的浅水区分割成数十个边缘海。太平洋底总计有28条大海沟，呈圆环形分布在四周浅海和深水洋盆的交界处。是火山和地震活动频繁的地域。太平洋海域的活火山多达360多座，占世界活火山总数的85%；地震次数占全球地震总数的80%。太平洋是世界上珊瑚礁最多、分布最广的海洋，在北纬30度到南回归线之间的浅海海域随处可见。

夏威夷——太平洋中部的一组火山岛

太平洋从20世纪起成为世界渔业的中心，其浅海渔场面积约占各大洋浅海渔场总面积的1/2。太平洋的捕鱼量亦占全世界捕鱼总量的一半，其中以秘鲁、日本和我国的产量为最大，以捕捞鲑、鲱、鳟、鲣、鲭、鳕、沙丁鱼、金枪鱼、鳀、比目鱼、大黄鱼、小黄鱼、带鱼和捕捉海熊、海豹、海獭、海象、鲸为主；捕蟹业在太平洋渔业中也占重要地位。太平洋底矿产资源非常丰富，据探测，深水区洋底锰、镍、钴、铜等4种金属的储藏量,比世界陆地多几十倍乃至千倍以上。在亚洲、拉丁美洲南部的沿海地区,目前发现的石油、天然气和煤等也很丰富。

二、大西洋

大西洋是世界第二大洋,是被拉丁美洲、北美洲、欧洲、非洲和南极洲包围的大洋。大西洋北以冰岛——法罗海槛和威维亚·汤姆逊海岭与北冰洋分界,南临南极洲,东南以通过南非厄加勒斯角的经线同印度洋分界,西南以通过拉丁美洲南端合恩角的经线与太平洋分界。大西洋总面积为9337万平方千米,约为太平洋面积的一半,占海洋总面积的1/4,平均水深为3627米,波多黎各海沟最深,为8742米。由于大西洋底的海岭都被淹没在水面以下3000多米,所以突出洋面形成岛屿的山脊不多,大多数岛屿集中分布在东部加勒比海西北部海域。

大西洋的自然资源丰富,鱼类以鲱、鳕、黑线鳕、沙丁鱼、鲭最多,北

大西洋

海和纽芬兰岛沿海地区是大西洋的主要渔场,以产鳕和鲱著称。其他还有牡蛎、贻贝、螯虾、蟹类和各种藻类等。南极大陆附近还产有鲸和海豹,北海海底蕴藏有丰富的石油和天然气。

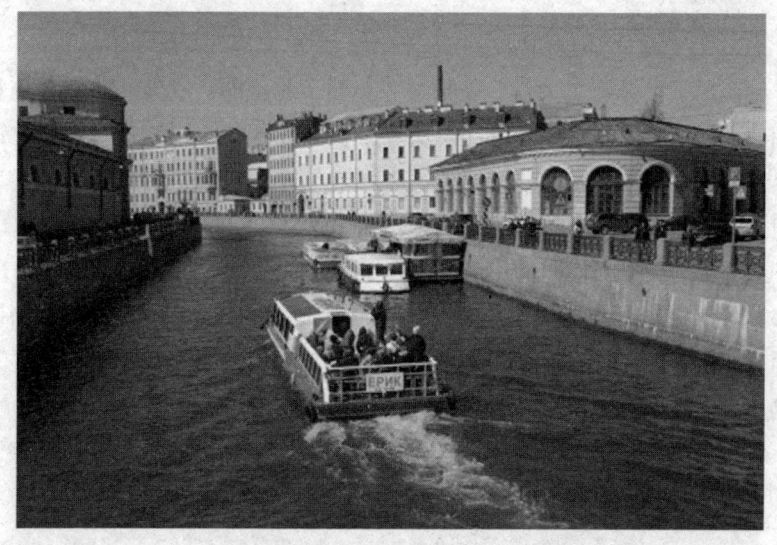

大西洋港口圣彼得堡

三、印度洋

印度洋为世界第三大洋,它位于亚洲、非洲、大洋洲和南极洲之间。印度洋北临亚洲,东濒大洋洲,西南以通过南非厄加勒斯角的经线与大西洋分界,东南以通过塔斯马尼亚岛至南极大陆的经线与太平洋相邻,面积为7491万平方千米,平均水深3897米。

印度洋的水域大部分位于热带地区,赤道和南回归线穿过其北部和中部海区,夏季气温普遍较高,冬季只在南纬50度以南气温才降至零下,水面温度平均在20℃~26℃。在印度洋热带的沿海地区,多珊瑚礁和珊瑚岛。印度洋的海水盐度为世界最高,其中红海含盐量达到41‰左右,苏伊士湾甚至高达43‰;阿拉伯海的盐度也达36‰;孟加拉湾的盐度低些,为30‰~34‰。印度洋北部是全球季风最强烈的地区之一,在南半球西风带中的南纬40度~

60度之间和阿拉伯海的西部常有暴风，在热带纬区有飓风。印度洋降水最丰富的地带是赤道纬区、阿拉伯海与孟加拉湾的东部沿海地区，年平均降水量在2000～3000毫米以上；阿拉伯海西岸地区降水最少，仅有100毫米左右；南部的大部分地区，年平均降水量在1000毫米左右。印度洋因受亚洲南部季风的影响，其赤道以北洋流的流向，随着季风方向的改变而改变，称为"季风洋流"。

印度洋

在冬季刮东北风时，洋流呈逆时针方向往西流动；在夏季刮西南风时，洋流呈顺时针方向往东流动。地处南半球的印度洋，其洋流状况大致与太平洋和大西洋相同，由南赤道暖流、马达加斯加暖流、西风漂流和西澳大利亚寒流等组成一个独立的逆时针环流系统。印度洋的海上浮冰界限，8～9月间到达最北界，在南纬55度左右；2～3月间退回到南纬65度～68度的最南线。南极冰山一般可以漂到南纬40度，而在印度洋的西部地区，有时也能漂到南纬35度。

印度洋的动物和植物资源与太平洋西部相似。海水的上层浮游生物特别丰富，盛产飞鱼、金鲭、金枪鱼、马鲛鱼、鲨鱼、鲸、海豹、企鹅等。在棘皮动物中，多海胆、海参、蛇尾、海百合等。海生哺乳动物儒艮是印度洋的特产。植物多藻类，东部海岸至印度河口和西部的非洲沿海多种类繁多的红树林。

四、北冰洋

北冰洋是世界上最小的大洋，位于北极圈内，被亚洲、欧洲、北美洲所环抱，面积只有1310万平方千米，平均水深1200米。在亚洲和北美洲之间

地球的外貌
DIQIU DE WAIMAO

有白令海峡通往太平洋，在欧洲与北美洲之间以冰岛——法罗海槛和威维亚·汤姆逊海岭（冰岛与英国之间）与大西洋分界，有丹麦海峡及北美洲东北部的史密斯海峡与大西洋沟通。

北冰洋周围的国家和地区有俄罗斯、挪威、冰岛、格陵兰岛（丹）、加拿大和美国。北冰洋的寒季由11月至次年的4月，长达6个月，最冷月（1月）的平均气温为零下20℃~40℃。七、八两月是暖季，平均气温也多在8℃以下。北冰洋的年平均降水量仅75~200毫米，格陵兰海可达500毫米左右。暖季北冰洋的北欧海区多海雾，有些地区每天都有雾，有时持续数昼夜。由于寒季格陵兰、亚洲北部和北美地区上空经常出现高气压，使北冰洋海域常有猛烈的暴风。北冰洋海域从水面到水深100~250米的水温，约为-1℃~1.7℃，盐度为30‰~32‰；在沿岸地带水温全年变化很大，范围为-1.5℃~8℃，盐度不到25‰。北冰洋北欧海区的水面温度，全年在2℃~12℃，盐度在35‰左右。北冰洋的洋流系统是由北大西洋暖流的分支挪威暖流、斯匹次卑尔根暖流和北角暖流、东格陵兰寒流等组成。北冰洋水文的最大特点，是有常年不化的冰盖，北冰洋也就成为世界上最寒冷的海洋，差不多有2/3的海域，常年被2~4米的厚冰覆盖着，其中北极点附近冰层厚达30多米。

北冰洋冰山

海水温度大部分时间在0℃以下，只在夏季靠近大陆的水域，温度才能升至0℃以上，并在沿岸形成不宽的融水带。但是在大西洋暖流的影响下，北冰洋内还是有几个几乎全年不冻的内海和港口，如巴伦支海南岸的摩尔曼斯克。北冰洋中的岛屿很多，数量仅次于太平洋，总面积有400多万平方千米，主要有格陵兰岛、斯匹次卑尔根群岛、维多利亚岛等。北极地区由于严寒居民很少，主要生活着因纽特人，他们以狩猎和捕鱼为生。在北极点附近每年都有半年左右（10月至次年3月）的无昼黑夜，此间北极上空有光彩夺目的极光出现，一般呈带状、弧状、幕状或放射状。

冰雪覆盖下的格陵兰岛

北极地区矿产资源丰富，有煤、石油、磷酸盐、泥炭、金、有色金属等。海洋中产白熊、海象、海豹、鲸、鲱、鳕等，巴伦支海和挪威海是世界上最大的渔场之一。北极苔原上多皮毛贵重的雪兔、北极狐，以及驯鹿、极犬等。北冰洋海域由于冰的阻隔，航运不发达，但也有长达9500千米的从摩尔曼斯克到符拉迪沃斯托克（海参崴）的北冰洋航线和由摩尔曼斯克直达雷克雅末克、伦敦和斯匹次卑尔根群岛的海运航线，重要海港有阿尔汉格尔斯克和摩尔曼斯克。

五、地中海

地中海，被北面的欧洲大陆，南面的非洲大陆和东面的亚洲大陆包围着。东西共长约4000千米，南北最宽处大约为1800千米，面积约为251.2万平方

地球的外貌
DIQIU DE WAIMAO

千米,是世界最大的陆间海。以亚平宁半岛、西西里岛和突尼斯之间突尼斯海峡为界,分东、西两部分,平均深度1450米,最深处5092米,盐度较高,最高达39.5‰。地中海有记录的最深点是希腊南面的爱奥尼亚海盆,为海平面下5121米。地中海是世界上最古老的海,历史比大西洋还要古老。

地中海

地中海西部通过直布罗陀海峡与大西洋相接,东部通过土耳其海峡(达达尼尔海峡和博斯普鲁斯海峡、马尔马拉海)和黑海相连。西端通过直布罗陀海峡与大西洋沟通,最窄处仅13千米。航道相对较浅。东北部以达达尼尔海峡—马尔马拉海—博斯普鲁斯海峡连接黑海。东南部经19世纪时开通的苏伊士运河与红海沟通。地中海处在欧亚板块和非洲板块交界处,是世界上强地震带之一。地中海地区有维苏威火山、埃特纳火山。

地中海的沿岸夏季炎热干燥,冬季温暖湿润,被称作地中海性气候。植被、叶质坚硬,叶面有蜡质,根系深,有适应夏季干热气候的耐旱特征,属亚热带常绿硬叶林。这里光热充足,是欧洲主要的亚热带水果产区,盛产柑橘、无花果和葡萄等,还有木本油料作物油橄榄。

地中海作为陆间海,比较平静,加之沿岸海岸线曲折、岛屿众多,拥有许多天然良好的港口,成为沟通三个大陆的交通要道,这样的条件,使地中海从古代开始海上贸易就很繁盛,还曾对古埃及文明、古巴比伦文明、古希腊文明的兴起与更替起过重要作用,成为了古代古埃及文明、古希腊文明、罗马帝国等的摇篮。现在也是世界海上交通的重要地点之一。腓尼基人、克里特人、希腊人,以及后来的葡萄牙人和西班牙人都是航海业发达的民族。著名的航海家如哥伦布、达·伽马、麦哲伦等,都出自地中海沿岸的国家。

六、红 海

红海是非洲东北部和阿拉伯半岛之间的狭长海域。面积约 45 万平方千米。红海由埃及苏伊士向东南延伸到曼德海峡,长约 2100 千米。曼德海峡连接亚丁湾,然后通往阿拉伯海。红海最宽处为 306 千米。西岸的埃及、苏丹、衣索比亚和东岸的沙特阿拉伯、也门隔海相对。在北端,红海分成两部分:西北部为水浅的苏伊士湾,东北部为亚喀巴湾,水深达 1676 米。

苏伊士运河连接苏伊士湾和北面的地中海,使红海成为欧洲、亚洲间的交通航道。北纬 25 度~16 度,红海的中央部分的海底地形十分崎岖,这里的主要海槽复杂多变,海岸线参差不一,整个红海平均深度 558 米,最大深度 2514 米。红海受东西两侧热带沙漠夹峙,常年空气闷热,尘埃弥漫,明朗的天气较少。降水量少,蒸发量却很高,盐度为 4.1%,夏季表层水温超过 30℃,是世界上水温和含盐量最高的海域。8 月表层水温平均 27℃~32℃。海水多呈蓝绿色,局部地区因红色海藻生长茂盛而呈红棕色,红海一称即源于此。年蒸发量为 2000 毫米,远远超过降水量,两岸无常年河流注入。海底为含有铁、锌、铜、铅、银、金的软泥。自古为交通要道,但因沿岸多岩岛与珊瑚礁,曼德海峡狭窄且多风暴,故航行不便。重要港口有苏伊士、埃拉特、亚喀巴、苏丹港、吉达、马萨瓦、荷台达和阿萨布。

红海两岸陡峭壁立,岸滨多珊瑚礁,天然良港较少。北纬 16 度以南,因珊瑚礁海岸的大面积增长,使可以通航的航道十分狭窄,某些港口设施受到阻碍。在曼德海

美丽的红海

地球的外貌
DIQIU DE WAIMAO

峡，要靠爆破和挖泥两种方式来打开航道。红海地区发现有5种主要类型的矿藏资源：石油沉积、蒸发沉积物（由于升华沉淀作用而形成的沉积物，如岩盐、钾盐、石膏、白云岩）、硫磺、磷酸盐及重金属沉积物，均在主要深海槽底部的淤泥中。

红海是印度洋的陆间海，实际是东非大裂谷的北部延伸。按海底扩张和板块构造理论，认为红海和亚丁湾是海洋的雏形。据研究，红海底部确属海洋性的硅镁层岩石，在海底轴部也有如大洋中脊的水平错断的长裂缝，并被破裂带连接起来。非洲大陆与阿拉伯半岛开始分离在2000万年前的中新世，目前还在以每年1厘米的速度继续扩张。

红海的水下两侧有宽阔的大陆架，海底像一个大的"刻槽"，深深地嵌进两侧的大陆架之中。在主海槽槽底的中部又裂开为一个更深的轴海槽。这样，红海的卫星图片海底就形成了"槽中有槽"的海底地貌形态，而且槽底非常崎岖不平。在轴海槽中有着无数的裂谷、缝隙、管道和坑穴。它相当狭窄，最宽处约为24千米，一般仅有几千米宽。但是，它的深度很大，最深处达3050米。轴海槽和主海槽差不多和红海一样长，但在红海北端的西奈半岛附近，它们又分叉成为苏伊士湾和喀巴湾，槽中有槽的地貌形态就不那么明显了。

科学家们进一步研究认为，在距今约4000万年前，地球上根本没有红海，后来在今天非洲和阿拉伯两个大陆隆起部分轴部的岩石基底，发生了地壳张裂。当时有一部分海水乘机进入，使裂缝处成为一个封闭的浅海。在大陆裂谷形成的同时，海底发生扩张，熔岩上涌到地表，不断产生新的海洋地壳，古老的大陆岩石基底则被逐渐推向两侧。后来，由于强烈的蒸发作用，使得这里的海水又慢慢地干涸了，巨厚的蒸发岩被沉积下来，形成了现在红海的主海槽。

到了距今约300万年时，红海的沉积环境突然发生改变，海水再次进入红海。红海海底沿主海槽轴部裂开，形成轴海槽，并沿着轴海槽发生缓慢的海底扩张。根据红海底最年轻的海洋地壳带推算，这一时期红海海底的平均扩张速度为每年1厘米左右。由于红海不断扩张，它东西两侧的非洲和阿拉伯大陆也在缓慢分离。

七、波罗的海

波罗的海

波罗的海是世界上含盐量最低、海水最淡的海,它位于欧洲大陆与斯堪的那维亚半岛之间,由北纬54度向东一直延伸到北极圈以内,长1600千米,平均宽度190千米,面积42万平方千米,平均水深86米。波罗的海海水含盐量只有7‰~8‰,各海湾的含盐量更低,仅2‰左右,完全不经处理就能直接饮用。波罗的海含盐量如此之低的原因,首先因其年龄小,形成时间不长,水质本来就好,含盐量不高;二是它位于高纬地区,气温低蒸发弱,海水浓缩较慢;三是海域受西风带的影响,天然降水较多,可以补充淡化海水;四是其四周有为数众多的河流流入,大量淡水源源不断地补充;五是其与大西洋的通道又窄又浅,不利于海和洋间的水分交换,较咸的大西洋水很少进入。波罗的海的海水既浅又淡,在寒冷的冬季极易结冰,特别是东部和北部海域,每年都有较长时间的冰封期,不利于航运。

八、马尾藻海

马尾藻海是世界上惟一没有边缘和海岸的海。马尾藻海既不是大洋的边缘部分,也不与大陆毗连,完全是一个没有明确边界的"洋中之海",周围都是广阔的洋面。马尾藻海位于大西洋的中部海域,大致位于北纬20度~35度和西经30度~75度,面积很大,有数百万平方千米,是由墨西哥暖流、北赤道暖流和加那利寒流围绕而成。其之所以称之为马尾藻海,是因为它的海面

地球的外貌

马尾藻海

上遍布一种无根的水草——马尾藻,身临其境放眼远望似一片无边无际的大草原。在海风和洋流的带动下,漂浮的密集马尾藻又像一幅向远处伸展的巨大橄榄绿地毯。此外,马尾藻海海域是一块终年无风区,在过去靠风力航行的年代,船舶一但误入,十有八九被围困而亡,因而一向被视为恐怖的"魔海"。由于马尾藻海远离江河入海口,完全不受大陆的影响,因此浮游生物极少,海水碧青湛蓝,透明度高达66.5米,个别海域甚至可到72米,也是世界上透明度最大的海。

九、黑 海

黑海位于欧洲东南部和亚洲小亚细亚半岛之间的内海。因水色深暗、多风暴而得名。黑海向西通过博斯普鲁斯海峡、马尔马拉海、达达尼尔海峡与地中海相通,向北经刻赤海峡与亚速海相连。黑海形似椭圆形。东西最长1150千米,南北最宽611千米,中部最窄263千米,面积42.2万平方千米,海岸线长约3400千米。平均水深1315米,最大水深2210米。

黑海是古地中海的一个残留海盆,在古新世末期小亚细亚半岛发生构造隆起时黑海与地中海开始分开,并逐渐与外海隔离形成内海。随着地壳运动和历次冰期变化,黑海与地中海间经历了多次隔绝和连接的过程,与地中海的相连状态是在6000~8000年前的末次冰期结束后,冰川融化而形成的。黑海大陆架一般2.5~15千米,只西北部较宽达200千米以上。少岛屿、海湾。海底地形从四周向中部倾斜。中部是深海盆,水深2000米以上,约占总面积的1/3。

黑海冬季盛行偏北大风，凛冽的极地冷空气不断袭来，在黑海、尤其西北部海区掀起汹涛巨浪，景象十分壮观，成为黑海的一大特景。强冷空气还沿某些山口隧道急速下泻，风速可达20～40米/秒，形成少有的强风，称布拉风。

黑海地区年降水量600～800毫米，同时汇集了欧洲一些较大河流的径流量，年平均入海水量达355立方千米（其中多瑙河占60%），这些淡水量总和远多于海面蒸发量，淡化了表层海水的含盐量，使平均盐度只有12‰～22‰。表层盐度较小，在上下水层间形成密度飞跃层，严重阻止了上下水层的交换，使深层海水严重缺氧。据观测，在220米以下水层中已无氧存在。在缺氧和有机质存在的情况下，经过特种细菌的作用，海水中的硫酸盐产生分解而形成硫化氢等，而硫化氢对鱼类有毒害，因而黑海除边缘浅海区和海水上层有一些海生动植物外，深海区和海底几乎是一个死寂的世界。同时硫化氢呈黑色，致使深层海水呈现黑色。黑海淡水的收入量大于海水的蒸发量，使黑海海面高于地中海海面，盐度较小的黑海海水便从海峡表层流向地中海，地中海中盐度较大海水从海峡下层流入黑海，由于海峡较浅，阻碍了流入黑海的水量，使流入黑海的水量小于从黑海流出的水量，维持着黑海水量的动态平衡。

十、南　海

南海是我国大陆濒临的最大外海，面积约为350万平方千米，差不多是东海、黄海、渤海三海面积总和的3倍，平均水深1212米，最深5559米。南海几乎被大陆、半岛和岛屿所包围，其南部是加里曼丹岛和苏门答腊岛，西为中南半岛，东部是菲律宾群岛。东北部经台湾海峡和东海与太平洋相通，东部通过巴士海峡与苏禄海相连，南部经马六甲海峡与爪哇海、安达曼海和印度洋相通。南海岛屿众多，但除海南岛、黄岩岛和西沙群岛中的石岛外，多为珊瑚岛和珊瑚礁。南海由于地处热带和大部分地区较少受大陆影响，海水清澈湛蓝，透明度较大，分布有很多珊瑚岛和珊瑚礁，总称为南海诸岛。南海诸岛分为东沙群岛、西沙群岛、中沙群岛、南沙群岛和黄岩岛。东沙群岛水产资源丰富；西沙群岛是海鸟的世界，鸟粪资源丰富是优质肥料；中沙群岛是大量未露出水面的珊瑚礁；南沙群岛的面积最大，岛屿数量最多，其最南端的曾母暗沙是我国领土最南端。流入南海的主要河流有：我国的珠江、韩江，中南半岛的红河、湄公河、湄南河等。南海盛行季风漂流，夏季西南季风期为东北向漂流，冬季东北季风期为西南向漂流。南海的水温终年都很高，夏季北部海域为28℃，南部海域可达30℃；冬季除粤东海域较低为15℃外，其他大部分海域仍达24℃～26.5℃。南海的含盐量平均为34‰，近岸区因受大陆的影响含盐量较低，并且变化较大；外海区含盐量全年都较高，变化也小。南海主要经济鱼类有蛇鲻、鲱鲤、红笛鲷和中国鱿鱼，深海区有旗鱼、鲔鱼和鲸鱼，西沙和南沙群岛盛产海参和海龟等。南海北部的北部湾、莺歌海、珠江口等盆地，蕴藏着丰富的石油和天然气资源，远景甚好，正在勘探中。

十一、东 海

东海又称东中国海，是我国大陆濒临的第二大海，它西接中国大陆，北连黄海，东北以南朝鲜济州岛经日本五岛列岛至长崎半岛南端的连线为界，穿过朝鲜海峡与日本海相通，东面由日本九州岛、琉球群岛和中国的台湾岛把其与太平洋隔开，南经台湾海峡的南界与南海相通。东海海域面积为77万平方千米，平均水深370米，冲绳海槽最深为2719米。流入东海的河流有长江、钱塘江、闽江、瓯江和浊水溪等，其中长江的入海径流量最大，是东海西部沿岸低盐水存在的主要原因。东海海域岛屿众多，主要有台湾岛、澎湖列岛、钓鱼岛等，其中的钓鱼岛自古以来就是中国的领土。

东海由于有大量的大陆河水进入，近岸水体为含盐量低的低盐水，外海的水体

东海大桥

则是由黑潮及其分支构成的高盐水。冬季近岸水体的盐度在31‰以下，黑潮水域高达34.7‰；夏季长江口处近岸水域的海水的含盐量可低到5‰~10‰，含盐量的年变幅高达25‰。东海由于受黑潮和台湾暖流的影响，夏季西部我国近岸海域的水温为27℃~29℃；冬季西部海域水温低于10℃，而东部海域的水温约为20℃。东海的主要经济鱼类有带鱼、大黄鱼、小黄鱼、乌贼、鲕鱼、鲳鱼、鳗鱼、鲨鱼、鲐鱼、鲷鱼、海蟹、鱿鱼、马面鲀等，西部近海的舟山渔场、渔山渔场、温台渔场和闽东渔场，都是著名的渔场，钓鱼岛等岛屿附近也有不错的渔场。东海凹陷带油气资源蕴藏丰富，远景看好。另外，东海我国沿海一带潮汐动力资源丰富，具有良好的开发前景。

十二、渤 海

渤海是我国的内海。在辽宁省、河北省、天津市、山东省之间，基本上为陆地所环抱，仅东部以渤海海峡与黄海相通，面积77000平方千米，平均深度18米，沉积物以淤泥和粉沙淤泥为主。渤海周围有3个主要海湾：北面的辽东湾、西面的渤海湾、南面的莱州湾。由于辽河、滦河、海河、黄河等带来大量泥沙，海底平坦，饵料丰富，是我国大型海洋水产养殖基地。盛产对虾、黄鱼。沿岸盐田较多，以西岸的长芦盐场最著名。主要岛屿有庙岛群岛、长兴岛、西中岛、菊花岛等。

渤海海底平坦，多为泥沙和软泥质，地势呈由三湾向渤海海峡倾斜态势。海岸分为粉沙淤泥质岸、沙质岸和基岩岸3种类型。渤海湾、黄河三角洲和辽东湾北岸等沿岸为粉沙淤泥质海岸，滦河口以北的渤海西岸属沙砾质岸，山东半岛北岸和辽东半岛西岸主要为基岩海岸。

渤 海

地球的外貌
DIQIU DE WAIMAO

渤海沿岸江河纵横，有大小河流 40 条，其中莱州湾沿岸 19 条，渤海湾沿岸 16 条，辽东湾沿岸 15 条，形成渤海沿岸三大水系和三大海湾生态系统。入海河流每年携带大量泥沙堆积于 3 个海湾，在湾顶处形成宽广的辽河口三角洲湿地、黄河口三角洲湿地、海河口三角洲湿地，年造陆达 20 平方千米。

海洋国土

"海洋国土"是指在国家主权管辖下的一个特定的海域及其上空、海床和底土。按照《联合国海洋法公约》的规定，一国的内海、领海属于国家领土的组成部分，国家对其行使主权，对其内的一切人和物享有专属管辖权。因而，可认定是严格定义上的海洋国土。"海洋国土"，它不仅包括一国的内海和领海；而且还包括该国管辖的专属经济区（EEZ）和大陆架，是一国内海、领海、毗连区、专属经济区、大陆架等所有管辖海域的形象总称，是一个集合概念。

地球上的河流

一、尼罗河

尼罗河位于非洲东部，由南向北流，全长 6650 千米，为世界第一长河。尼罗河是一个多源河，最远的源头称阿盖拉河，注入维多利亚湖，再从其北岸的金贾流出，北流进入东非大裂谷，形成卡巴雷加瀑布，然后经艾伯特湖北端，在尼穆莱附近进入苏丹，经马拉卡勒后称白尼罗河。由于白尼罗河流经大片沼泽，所含杂质大部沉淀，水色纯净，但因水中挟带有大量水生植物而呈乳白色而得名。白尼罗河北流至喀土穆汇青尼罗河，在喀土穆以北 320 千米接纳阿特拉巴河，流至埃及首都开罗进入尼罗河三角洲，并分为罗基塔

千姿百态的地球风貌

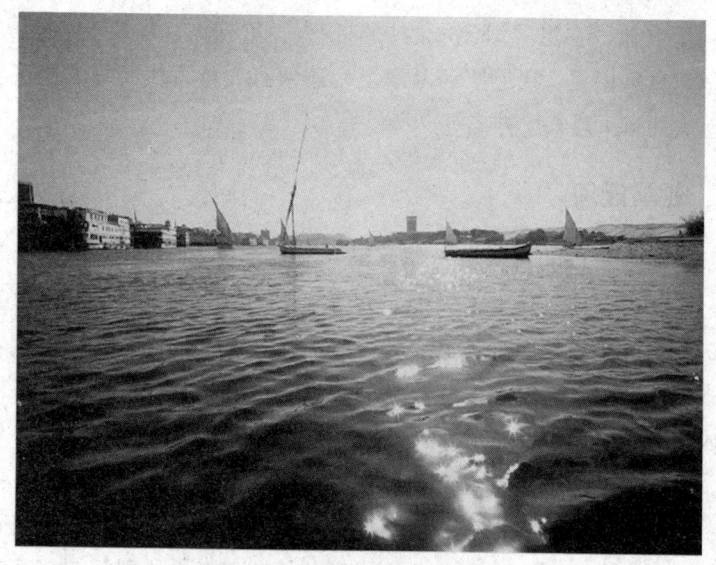

尼罗河

河与塔米埃塔河两个支汊，分别注入地中海。尼罗河流域面积3349万平方千米，人口超过5000万，流经布隆迪、坦桑尼亚、卢旺达、扎伊尔、肯尼亚、乌干达、苏丹、埃塞俄比亚、埃及等九个国家。白尼罗河由河源到苏丹的朱巴一段，具有山地河流的特征，河流在东非高原上蜿蜒曲折，多跌水和瀑布，河水经维多利亚湖等湖泊的调节，出口处的年平均流量为590立方米/秒，至朱巴增至870立方米/秒。朱巴到喀土穆以下80千米处的沙普鲁加峡，流经了宽达400千米的沼泽平原。这段地区比降极小，水流缓慢，由于大部分地区干热少雨，蒸发强烈，使河水损失大半。青尼罗河发源于埃塞俄比亚高原上的海拔为1830米的塔纳湖，由于高原湿润多雨，河流水量较大，与白尼罗河汇合处的流量达1640立方米/秒，差不多是白尼罗河流量的两倍，再加上阿特巴拉河的来水流量392立方米/秒，合计流量达到2900立方米/秒。经过沿途引水灌溉和各种损耗，尼罗河到达河口处的流量只剩下2200立方米/秒，成为世界上水量最小的大河。尼罗河下游地区自古以来就是著名的灌溉农业区，孕育了古埃及文明。尼罗河水的涨落非常有规律，6~7月份是洪水期，河口处的最大流量可达6000立方米/秒，易泛滥成灾。但是洪水带来的肥沃

地球的外貌　93

泥土有利于农业,在尼罗河流域的尼罗特人、贝扎人、加拉人、索马里人,都与尼罗河息息相关。在尼罗河两岸至今还留有大量古代文明的遗迹,如金字塔、巨大的帝王陵墓、神庙等。

二、亚马逊河

亚马逊河全长6400千米,流域面积705万平方千米,河口处的年平均流量达12万立方米/秒,是南美洲第一大河,长度仅次于非洲尼罗河,为世界第二长河,但它是世界上水量最大和流域面积最广的河流。亚马逊河上源乌卡亚利河与马拉尼翁河发源于秘鲁的安第斯山脉,干流横贯巴西西部,在马拉若岛附近注入大西洋。亚马逊河流域广大,纬度跨距有25度之多,包括巴西的大部分,委内瑞拉、哥伦比亚、厄瓜多尔、秘鲁和玻利维亚的一部分。在秘鲁,人们把从伊基托斯到入海口处的河流称作亚马逊河;而在巴西,人们将伊基托斯至内格罗河口一段称为索利蒙伊斯河,内格罗河口以下叫亚马逊河。亚马逊河支流众多,有来自圭亚那高原、巴西高原和安第斯山脉的大小支流近千条。主要有雅普拉河、茹鲁阿河、马代拉河、欣古河等7条,它们的长度都在1600千米以上,其中马代拉河最长,达3219千米。亚马逊河地处世界上最大最著名的热带雨林地区,降水非常充沛,由西部的平原到河口的辽阔地域内,年平均降水量都在2000毫米以上,河水量终年丰沛,洪水期河口的流量可达20万立方米/秒。亚马逊河每年注入大西洋的水量,约占全世界河流入海总水量的20%。亚马逊河水大、河宽、水深,巴西境内的河深大都在45米以上。马瑙斯附近深达百米,下游的

亚马逊河河口

河宽在20~80千米，喇叭形的河口宽达240千米。如此宽深的水面，使亚马逊河成为世界最著名的黄金水道，具有极大的航运价值。7000吨的海轮，可上溯1600千米直达马瑙斯；吃水6~7米的船舶，可由河口直达秘鲁的伊基托斯，航行里程3700千米；全河全年可通航的里程有5000多千米。亚马逊河流域的大部分地区，覆盖着热带雨林，动植物种类繁多，是生物多样性最为丰富的地区。热带雨林中的硬木、棕榈、天然橡胶林等，都具有极大的经济价值，但开发利用应当科学和有度。河深水阔的亚马逊河，支流密布，加上大片的沼泽和众多的牛轭湖，组成了一片广袤的淡水海域，栖息和繁衍着大量鱼群和为数众多的珍稀生物，有世界上最大的食用淡水鱼——皮拉鲁库鱼、淡水豚、海牛、鳄鱼、巨型水蛇等水生生物和大量珍禽异兽。

三、密西西比河

密西西比河位于北美洲，全长6020千米，流域面积322.1万平方千米，为北美第一大河和世界第四长河，在长度上仅次于尼罗河、亚马逊河和我国的长江。密西西比河干流发源于美国明尼苏达州艾塔斯卡湖，由北向南流经加拿大的两个省和美国的31个州，最后注入墨西哥湾。主要支流有西岸的密苏里河、阿肯色河、雷德河等，东岸的俄亥俄河、田纳西河等。密西西比河水量丰富，具有航运灌溉之利，素有"河流之父"和"老人河"之称，其河口的年平均流量为18100立方米/秒。密西西比河的中、下游河道迂回曲折，流淌在大平原上，曲流发育，河漫滩广阔，沼泽和牛轭湖遍布。密西西比河含沙量较大，每年输入墨西哥湾的泥沙达4.95亿吨，在河口处形成了巨大的鸟足形三角洲，面

密西西比河

地球的外貌

积有7.77万平方千米,其中2.6万平方千米露出水面,每年可向海中推进近100米。密西西比河及其支流构成了美国最庞大的内河航运网,北经俄亥俄河与伊利诺伊水道能与五大湖沟通。水深在2.75米以上的航道有上万千米,可航水路达2.5万千米。重要河港有明尼阿波利斯、圣保罗、圣路易斯、海伦娜、格森维尔、维克斯堡和新奥尔良等。

四、长 江

长江又名扬子江,是我国的第一大河,世界第三大河,全长6380千米,流域面积181万平方千米,年平均入海流量30900立方米/秒,年入海径流量约1000立方千米。长江的正源沱沱河,发源于青海省唐古拉山主峰格拉丹东雪山的西南侧,由西向东流经青海、西藏、云南、四川、重庆、湖北、湖南、江西、安徽、江苏、上海等9个省、自治区和2个直辖市,最后在上海的吴淞口以下注入东海。长江的支流则延展至甘肃、陕西、河南、广西、广东、福建等8个省(区)。长江流域西以芒康山与澜沧江水系为界,北以巴颜喀拉山、秦岭、大别山与黄、淮水系相隔,南以南岭、武夷山、天目山与珠江和闽浙诸水系为邻,东临东海,为一东西长、南北窄的流域。长江流域是我国

长江巫峡

经济高度发达的流域，内有耕地 4 亿多亩（1 亩≈666.67 平方米），生活着 3.58 亿人口，生产全国 36% 以上的粮食，23% 以上的棉花和 70% 的淡水鱼类。长江水系十分发育，支流、湖泊众多，干流横贯东西，支流伸展南北，由数以千计的支流组成一个庞大的水系。主要支流有雅砻江、岷江、沱江、嘉陵江、乌江、湘江、汉江、赣江、青弋江、黄浦江等 18 条，它们串连着鄱阳湖、洞庭湖、太湖等大大小小湖泊。

长江上游河段在各省有不同的名称，在青海省玉树县以上称通天河，玉树至四川宜宾一段叫金沙江，宜宾到湖北宜昌段称川江，湖北枝城至湖南城陵矶段叫荆江。习惯上人们将宜宾以下的干流段称为长江。宜昌以上为长江上游，长 4529 千米。上游宜宾以上的干流属峡谷段，河道比降很大，河流深切，滩多流急，云南境内的虎跳峡长 15 千米，两岸雄峰对峙，壁立千仞，江面狭窄仅有 30～60 米，江面至峰顶的绝对高差达 3000 米，是世界上最深的峡谷之一。奉节以下是由瞿塘峡、巫峡、西陵峡组成的长江三峡，长 240 千米，两岸的群峰高耸入云，悬崖峭壁压顶，风景十分壮美，是世界上著名的旅游胜地之一。长江是我国的"黄金水道"，自古以来就是东西水上运输的大动脉。目前干、支流的通航里程约为 7 万千米，其中可通航机动船舶的有 3 万多千米，万吨海轮可逆河上溯至江苏南京，5000 吨海轮可直航湖北武汉，1000 吨级船舶可航达重庆市。长江沿岸是我国工业最为集中的地带，沿江有重庆、武汉、南京、上海等大城市和为数众多的中小城市。

岷　江

五、黄　河

黄河是我国的第二长河，世界第五长河，源于青海巴颜喀拉山，干流贯穿9个省、自治区：青海、四川、甘肃、宁夏、内蒙古、陕西、山西、河南、山东，年径流量574亿立方米，平均径流深度79米。但水量不及珠江大，沿途汇集有35条主要支流，较大的支流在上游，有湟水、洮河，在中游有清水河、汾河、渭河、沁河，下游有伊河、洛河。两岸缺乏湖泊且河床较高，流入黄河的河流很少，因此黄河下游流域面积很小。

黄河从源头到内蒙古自治区托克托县河口镇为上游，河长3472千米；河口镇至河南孟津间为中游，河长1206千米；孟津以下为下游，河长786千米。黄河横贯我国东西，流域东西长1900千米，南北宽1100千米，总面积达752443平方千米。

黄河像一头脊背穹起、昂首欲跃的雄狮，从青藏高原越过青、甘两省的崇山峻岭；横跨宁夏、内蒙古的河套平原；奔腾于晋、陕之间的高山深谷之中；破"龙门"而出，在西岳华山脚下掉头东去，横穿华北平原，急奔渤海之滨。

上游河段流域面积38.6万平方千米，流域面积占全黄河总量的51.3%。上游河段总落差3496米，平均比降为10‰；河段汇入的较大支流（流域面积1000平方千米以上）43条，径流量占全河的54%；上游河段年来沙量只占全河年来沙量的8%，水多沙少，是黄河的清水来源。上游河道受阿尼玛卿山、西倾山、青海南山的控制而呈S形弯曲。黄河上游根据河道特性的不同，又可分为河源段、峡谷段和冲积平原3部分。

从青海卡日曲至青海贵

咆哮的黄河

千姿百态的地球风貌

德龙羊峡以上部分为河源段。河源段从卡日曲始,经星宿海、扎陵湖、鄂陵湖到玛多,绕过阿尼玛卿山和西倾山,穿过龙羊峡到达青海贵德。该段河流大部分流经于三四千米的高原上,河流曲折迂回,两岸多为湖泊、沼泽、草滩,水质较清,水流稳定,产水量大。河段内有扎陵湖、鄂陵湖,两湖海拔高度都在4260米以上,蓄水量分别为47亿立方米和108亿立方米,为我国最大的高原淡水湖。青海玛多至甘肃玛曲区间,黄河流经巴颜喀拉山与阿尼玛卿山之间的古盆地和低山丘陵,大部分河段河谷宽阔,间或有几段峡谷。甘肃玛曲至青海贵德龙羊峡区间,黄河流经高山峡谷,水流湍急,水力资源丰富。发源于四川岷山的支流白河、黑河在该段内汇入黄河。

从青海龙羊峡到宁夏青铜峡部分为峡谷段。该段河道流经山地丘陵,因岩石性质的不同,形成峡谷和宽谷相间的形势:在坚硬的片麻岩、花岗岩及南山系变质岩地段形成峡谷,在疏松的砂页岩、红色岩系地段形成宽谷。该段有龙羊峡、积石

黄河壶口瀑布

峡、刘家峡、八盘峡、青铜峡等20个峡谷,峡谷两岸均为悬崖峭壁,河床狭窄、河道比降大、水流湍急。该段贵德至兰州间,是黄河3个支流集中区段之一,有洮河、湟水等重要支流汇入,使黄河水量大增。龙羊峡至宁夏下河沿的干流河段是黄河水力资源的"富矿"区,也是我国重点开发建设的水电基地之一。

从宁夏青铜峡至内蒙古托克托县河口镇部分为冲积平原段。黄河出青铜峡后,沿鄂尔多斯高原的西北边界向东北方向流动,然后向东直抵河口镇。沿河所经区域大部为荒漠和荒漠草原,基本无支流注入,干流河床平缓,水流缓慢,两岸有大片冲积平原,即著名的银川平原与河套平原。沿河平原不

地球的外貌

地球的外貌

同程度地存在洪水和凌汛灾害。河套平原西起宁夏下河沿，东至内蒙古河口镇，长达900千米，宽30~50千米，是著名的引黄灌区，灌溉历史悠久，自古有"黄河百害，唯富一套"的说法。

中游流域面积34.4万平方千米，占全流域面积的45.7%；中游河段总落差890米，平均比降0.74‰；河段内汇入较大支流30条；区间增加的水量占黄河水量的42.5%，增加沙量占全黄河沙量的92%，为黄河泥沙的主要来源。

河口镇至禹门口是黄河干流上最长的一段连续峡谷——晋陕峡谷，河段内支流绝大部分流经黄土丘陵沟壑区，水土流失严重，是黄河粗泥沙的主要来源，全河多年年均输沙量16亿吨中有9亿吨来源于此区间；该河段比降很大，水力资源丰富，是黄河第二大水电基地；峡谷下段有著名的壶口瀑布，深槽宽仅30~50米，枯水水面落差约18米，气势宏伟壮观。

禹门口至三门峡区间，黄河流经汾渭平原，河谷展宽，水流缓慢。河段两岸为渭北及晋南黄土台塬，是陕、晋两省的重要农业区。该河段接纳了汾河、洛河、泾河、渭河、伊洛河、沁河等重要支流，是黄河下游泥沙

黄河入海口

的主要来源之一，多年年均来沙量5.5亿吨。该河段在禹门口至潼关（即黄河小北干流）的132.5千米河道，冲淤变化剧烈，河道左右摆动很不稳定。该河段在潼关附近受山岭约束，河谷骤然缩窄，形成宽仅1000余米的天然卡口，潼关河床的高低与黄河小北干流、渭河下游河道的冲淤变化有密切关系。

三门峡至桃花峪区间的河段由小浪底而分为两部分：小浪底以上，河道穿行于中条山、崤山之间，为黄河干流上的最后一段峡谷；小浪底以下，河

谷渐宽，是黄河由山区进入平原的过渡地段。

下游流域面积仅2.3万平方千米，占全流域面积的3%；下游河段总落差93.6米，平均比降0.12‰；区间增加的水量占黄河水量的3.5%。由于黄河泥沙量大，下游河段长期淤积形成举世闻名的"地上悬河"，黄河约束在大堤内成为海河流域与淮河流域的分水岭。除大汶河由东平湖汇入外，本河段无较大支流汇入。

黄河下游段

下游河段除南岸东平湖至济南间为低山丘陵外，其余全靠堤防挡水，堤防总长1400余千米。历史上，下游河段决口泛滥频繁，给中华民族带来了沉重的灾难。由于黄河下游由西南向东北流动，冬季北部的河段先行结冰，从而形成凌汛。凌汛易于导致冰坝堵塞，造成堤防决溢，威胁也很严重。

下游河段利津以下为黄河河口段。黄河入海口因泥沙淤积，不断延伸摆动。目前黄河的入海口位于渤海湾与莱州湾交汇处，是1976年人工改道后经清水沟淤积塑造的新河道。最近40年间，黄河输送至河口地区的泥沙平均约为10亿吨/年，每年平均净造陆地25~30平方千米。

河口平原

三角洲又称河口平原，是由河水从上游携带的大量泥沙在河口堆积形成的。从平面上看，形状像三角形，顶部指向上游，底边为其外缘，所以叫三角洲。三角洲的面积较大，土层深厚，水网密布，表面平坦，土质肥沃。它与山麓附近的扇状冲积平原不同。扇状冲积平原面积较小，土层较薄，沙砾质地，土质不如三角洲肥沃。

地球的外貌

世界上著名的三角洲有尼罗河三角洲、密西西比河三角洲、多瑙河三角洲、湄公河三角洲、恒河三角洲及长江三角洲等。

三角洲的形态复杂多样。除像长江三角洲这样的尖头形三角洲外，还有像扇面状和鸟足状的三角洲。如埃及的尼罗河，从阿斯旺以下到地中海入海口，河流落差很小，水流平稳，三角洲在入海口处呈扇面状展开，面积达2.4万平方千米。美国的密西西比河三角洲，东西宽300千米，南端在平面上呈鸟爪形，每两趾之间为一条河。各支流附近每年都沉积大量冲积物，因而使三角洲的面积不断扩大。目前它仍以平均每年75米的速度向墨西哥湾延伸。

三角洲地区不仅是良好的农耕区，而且对形成石油和天然气也相当有利，世界上许多著名的油田都分布在三角洲地区。

一、尼罗河三角洲

尼罗河三角洲位于埃及北部，临地中海。由尼罗河携带的泥沙在入海口冲积而成。面积2.5万平方千米。三角洲地势低平，土壤肥沃，河网纵横，渠道密布，集中了全国2/3的耕地。气候炎热干燥，光照强，水源充足，灌溉农业发达，是世界古文化发祥地之一，也是世界长绒棉的主要产地。

尼罗河三角洲从尼罗河谷地伸展出来，看上去就像一枝莲花，于是很多人称之为"尼罗河之花"。这一特别的形状的形成源于尼罗河干流在埃及北部开罗附近汇入地中海时河流的分散。这一地区以开罗为顶点，东部到达塞德港，西部则到达亚利山大港，绵延的海岸线长达230千米，而整个三角洲的总面积达2.4万平方千米。这使得尼罗

尼罗河三角洲

河三角洲成为世界上最大的三角洲之一。土壤肥沃的尼罗河三角洲，成了人口密集的主要地区，孕育出了古埃及文明。

法老时代，尼罗河地区有"上、下埃及之分"。尼罗河三角洲就被成为"下埃及"，而尼罗河谷地则被成为"上埃及"。上埃及象征是莲花，每年秋季，此处河面都会被莲花映红；下埃及的象征则是纸莎草，它是古埃及人制作莎草纸的原料。古埃及人想象中有两位河神，他们就是分别戴着莲花和纸莎草的上埃及的 Hap – Reset 和下埃及的 Hap – Meht。作为上下埃及的尼罗河神 Hapi，则是同时手持莲花和纸莎草。

根据当时的有关记载，尼罗河在三角洲上曾有 7 条支河，由西向东依次为：Canopic, Bolbitine, Sebennytic, Phatnitic, Mendesian, Tanitic 和 Pelusiac。历经沧桑的尼罗河三角洲，由于河道的淤积和变动，现在的主要支河只有两条，那就是东边的达米耶塔（Damietta）和西边的罗塞塔（Rosetta）。

尼罗河三角洲属于典型的地中海气候，干燥少雨。通常年降水只有100～200毫米，而且主要集中在冬季。夏季七八月间平均气温约为 30℃，最高可达48℃左右；冬季气温通常在5℃～10℃之间。

二、密西西比河三角洲

密西西比河三角洲是一个在全新世形成的、通过密西西比河在注入墨西哥湾时沉积造成的三角洲。在过去 5000 年中这个沉积过程使得南路易斯安那州的海岸线向墨西哥湾内推进了 24～80 千米。

密西西比河三角洲是一个重要的生态地区，它包括 1.2 万平方千米海岸湿地，美国 40% 的盐沼位于密西西比河三角洲。

密西西比河三角洲也是一个重要的经济区，包括重要港口新奥尔良。美国 16%～18% 的石油来自这个地区，此外 16% 的渔业（包括虾、螃蟹和龙虾）也位于这里。

从侏罗纪开始密西西比河的沉积物就不断周期性地参加墨西哥湾的造岸过程。整个密西西比河湾就是这样形成的，密西西比河三角洲只不过是其中最新的一部分。不过从生态学的角度来看这部分与过去的部分很不一样。

最近的三角洲形成是从更新世开始的。当时大量海水被结合在冰川中，

地球的外貌

密西西比河三角洲卫星航拍图

海平面比今天低约 100 米,当时密西西比河的入海口位于今天的墨西哥湾内。1 万年前冰川开始融化,导致海平面上升。5000~6000 年前海平面开始稳定,现代密西西比河三角洲的形成开始了。

平均每过 1000 年左右密西西比河入海的河道就会改变。随着时间的变迁原来的河道通过沉积变得越来越长、越来越平缓。随着新的、比较短的、陡峭的河道的形成密西西比河会转到新的河道,放弃老的河道。老河道失去了淡水和沉积物的来源后会逐渐密集化、下沉、受风化。这样它会逐渐后退,形成河湾、湖泊、海湾和浅滩。

大约 750 年前密西西比河的主流开始使用今天的入海河道。550 年前这条河道开始伸入墨西哥湾。

三、多瑙河三角洲

多瑙河三角洲位于罗马尼亚东部黑海入海口处,多瑙河在黑海入海口处形成一个巨大的扇形三角洲,这就是多瑙河三角洲。大部在罗马尼亚东部,小部分在乌克兰境内。面积 6000 平方千米(另一资料:5500 平方千米),其中河滩占总面积的 25%,其余是水草地、沼泽和湖泊等,是欧洲现存的最大的湿地。多瑙河自图尔恰向东分成基利亚、苏利纳和圣格奥尔基3条岔流注入黑海,冲积成巨大的扇形三角洲。湿地、河汊、湖沼纵横交错,水陆面积约各占一半,海拔很少超过4米。大部地区芦苇茂密,是世界最大的芦苇区之一。鱼类、鸟类丰富。因资源丰富被誉为"欧洲最大的地质、生物实验室"。这里风光绮丽,是世界上罕见的自然风景区。三角洲内除了大量海洋生物外,极为丰富的陆上动植物也让你惊叹大自然的奇妙无穷。

多瑙河三角洲航拍图

　　三角洲两岸长满了高大的橡树、白杨、柳树和各种灌木。"浮岛"是三角洲最为著名的自然景观之一,是三角洲腹地的一大奇景,它就像一个巨大而美丽的花园,漂浮在海面之上。"浮岛"上面长着茂盛的植物,与陆地无异,但下面却是一片湖泊,湖面碧波荡漾,湖水清澈无比。浮岛在风浪中飘游,不停地改变着三角洲的自然面貌。浮岛占地10万公顷左右,厚约1米。春天,当多瑙河泛滥时,浮岛就成了各类飞禽走兽的避难所。因此三角洲有"鸟和动物的天堂"之称谓。

　　多瑙河三角洲是湖泊、芦苇荡、草地、原始橡树林的混合地带。芦苇覆盖面积占2/3,是世界的芦苇产地之一。芦花开放,一片洁白。植物有1150种,其中包括热带雨林的藤本植物以及睡莲。

　　多瑙河三角洲水网密布,现有记载的鸟类已达300多种,其中有4种是世界上残存的鸟。300多种鸟中有176种在多瑙河三角洲繁殖,在茂密的森林里和波光点点的湖面上生活着的各种飞禽,有天鹅、金翅雀、热带的江鹳、北极的白顶鹅、中国的白鹭、西伯利亚的长尾猫头鹰、鹈鹕、野鸭、黑雁、秃头鹰、苍鹭等,以及世界上仅存的1.2万多对黑颈鸬鹚,其中鹈鹕和白鹈鹕是自然界珍奇的巨大鸟类。下面是某科学观测站的数据:有鸬鹚(3000

对）和倭鸬鹚（2500 对，占世界总数的 61%），鹈鹕（2500 对，与古北区繁殖鸟的 50%），287500 只红肚鸭、白鹭以及各种各样的食肉鸟，其中包括几对稀有的白尾鹰。湿地燕鸥群更是引人注目。

这里还有北美的麝香鼠、狸、鼬、狼、貂、野猫、水獭、海狗等动物，数不胜数，会让你充满惊喜。

鱼是多瑙河三角洲和湖泊的另一个财富来源：现已发现鲟鱼、鲈鱼等 60 多种鱼，其中 45 种是在多瑙河及其支流中土生土长的鱼，另外 15 种为海鱼。有些鱼，如鲟，产卵时逆流而上，到河的上游产卵，它们的卵可做鱼子酱，而有些鱼，如鳝鱼，顺流而下，到海中产卵。另外多瑙河三角洲还生活着各种各样的龟类。

多瑙河三角洲的名胜古迹颇多，约 500 年前在多瑙河入黑海河口建立的吉利亚堡的废墟，现在离海岸线很远了。在巴巴格湖和赖查姆湖之间的丘陵地带，有数千年前腓尼基人建造的赫拉克里斯古城堡遗址。古老的塔尔斯城是三角洲的起点，城内建有三角洲自然博物馆。游人从此城出发，沿苏里那河航行，可抵达苏里那城。

多瑙河水通过 3 条支流注入黑海，从北向南，分别是基利亚河、苏利纳河和斯芬图格奥尔基河（圣乔治河）。这些名字可追溯到古希腊时代（基利亚意为"僧侣的密室"，苏利纳意为"水道"或"管道"），追溯到中世纪的意大利人，更确切地说，是热那亚人在那里的存在，他们的庇护人是圣乔治。同位于更南端的伊斯特里亚河一道，先是交易站，后是城市，就建在这些河流上，船只满载咸鱼和熏鱼、谷物、蜂蜜、毛皮和奴隶，从这里驶向希腊和意大利。

多瑙河三角洲多河滩

四、恒河三角洲

世界最大的三角洲是恒河三角洲（也叫"恒河—布拉马普特拉河三角洲"）。它宽 320 千米，开始点距海有 500 千米。在南亚次大陆东部，顶点在印度的法拉卡，西起巴吉拉蒂—胡格利河，东至梅格纳河，南濒孟加拉湾。分属孟加拉国和印度。面积 6.5 万平方千米，大部分在孟加拉国南部，小部分在印度的西孟加拉邦。平均海拔 10 米。三角洲汇集恒河、布拉马普特拉河、梅格纳河三大水系，河道密布。南部为沼泽地和红树林，当地称"松达班"。7~9 月雨季，加上孟加拉湾潮水顶托，三角洲常受淹。大部分地区土壤肥沃，农业发达。人口密集，为南亚重要经济中心之一。盛产黄麻、水稻、甘蔗等。交通发达，大部分河流可通航，里程达 1 万千米以上。在三角洲内，河流多支汊，并游移不定。平均海拔不足 10 米，土层深厚肥沃，水网密布，是孟加拉国与印度重要的农业区，也是世界黄麻的最大产区。主要城市有加尔各答（印度）、达卡、吉大港（孟加拉国）等。

恒河下游分流纵横，主要水道就有 8 条，在入孟加拉湾处又与布拉马普特拉河汇合一起，形成了广阔的恒河三角洲。在三角洲地区，恒河分成许多支汊，是一个颇具特点的三角洲。这里土壤肥沃，农业发达，是南亚次大陆水稻、小麦、玉米、黄麻、甘蔗等作物的重要种植区。

河口部分有大片红树林和沼泽地。这里地势低平，海拔仅 10 米。河网密布，海岸线呈漏斗形，风暴潮不易分散而聚集在恒河口附近，形成强烈的潮水，铺天盖地地涌向恒河三角洲平原，很容易引起大面积洪水泛滥。

恒河三角洲航拍图

五、长江三角洲

长江三角洲是我国长江和钱塘江在入海处冲积成的三角洲。包括江苏省东南部和上海市,浙江省东北部。是长江中下游平原的一部分。面积约5万平方千米。三角洲顶点在镇江市、扬州市一线,北至小洋口,南临杭州湾。海拔多在10米以下,间有低丘(如惠山、天平山、虞山、狼山等)散布,海拔为200~300米。长江年均输沙量4~9亿吨,一般年份有28%的泥沙在长江中沉积,个别年份高达78%,三角洲不断向海延伸。长江以南常州市、常熟市、太仓市、金山区一带的古沙嘴海拔多为4~6米;长江以北扬州市、泰州市、泰兴市、如皋市一带的古沙嘴海拔7~8米。江南和江北的古沙嘴是冰后期最高海面稳定后逐渐发展起来的,到距今约2000年时北岸沙嘴伸到廖角嘴,南岸沙嘴随长江主流向东南延伸与钱塘江口沙嘴相连,泥沙继续堆积,1958~1973年平均每年前移148米。属北亚热带季风气候,雨量充沛,水道纵横,湖荡棋布,向有水乡泽国之称。土地肥沃,农业产水稻、棉花、小麦、油菜、花生、蚕丝、鱼虾等,是我国人口最稠密的地区之一。在长江下游和沪宁线两旁有许多重要城镇,如上海市、苏州市、常州市、无锡市、镇江市、扬州市、泰州市、南通市、徐州市、盐城市、淮安市、连云港市等。

长江三角洲航拍图

干渴的沙漠

沙漠，是大自然留给人类的不幸之地。全世界有 1/10 的陆地是沙漠。我国的沙漠面积约占全国面积的 11%。有些荒漠中见不到沙，尽是些光秃秃的石滩和砾石，这就是常说的戈壁。我国的戈壁面积有 46 万平方千米。

世界上的沙漠大多分布在南北纬度 15～35 度之间的信风带。这些地方气压高，天气稳定，风总是从陆地吹向海洋，海上的潮湿空气却进不到陆地上，因此雨量极少，非常干旱，地面上的岩石经风化后形成细小的沙粒，沙粒随风飘扬，堆积起来，就形成了沙丘，沙丘广布，就变成了浩瀚的沙漠。有些地方岩石风化的速度较慢，形成大片砾石，这就是荒漠。

沙漠地区的年降水量一般都在 400 毫米以下。我国塔克拉玛干沙漠是降水很少的地方，年降水量不足 10 毫米，个别地方几乎滴雨不降。沙漠中生长着耐旱的动植物。植物叶子小、表皮厚，有些植物，如仙人掌和骆驼刺干脆不长叶子，只长一些针状的刺。沙漠中的动物，数骆驼最耐旱了。它喝一次

沙漠

地球的外貌

水后，可以几天几夜不喝水，照样行走如常，人们称之为"沙漠之舟"。

沙漠地区温差大，平均年温差可达30℃~50℃，日温差更大，夏天午间地面温度可达60℃以上，若在沙滩里埋一个鸡蛋，不久便烧熟了。夜间的温度又降到10℃以下。由于昼夜温差大，有利于植物贮存糖分，所以沙漠绿洲中的瓜果都特别甜。

沙漠地区风沙大、风力强。最大风力可达10~12级。强大的风力卷起大量浮沙，形成凶猛的风沙流，不断吹蚀地面，使地貌发生急剧变化。

值得人们警惕的是，有些沙漠并不是天然形成的，而是人为造成的。如美国1908~1938年间由于滥伐森林9亿多亩（1亩≈666.67平方米），大片草原被破坏，结果使大片绿地变成了沙漠。前苏联在1954~1963年的垦荒运动中，使中亚草原遭到严重破坏，非但没有得到耕地，却带来了沙漠灾害。

沙漠给人类带来很大危害，它吞没农田、村庄，埋没铁路、公路等交通设施。据史书记载，我国丝绸之路上的楼兰古城，就是被沙漠吞没的。现在，人类正在千方百计地防沙治沙，如植树造林、植草固沙、设置沙障等都收到了很好的效果。

一、撒哈拉沙漠

撒哈拉沙漠是世界最大的沙漠，几乎占满非洲北部全部。东西约长4800千米，南北在1300~1900千米，总面积约860万平方千米。撒哈拉沙漠西濒大西洋，北临阿特拉斯山脉和地中海，东为红海，南为萨赫勒一个半沙漠干草原的过渡区。

"撒哈拉"这个名称来源于阿拉伯语，是从当地游牧民族图

丘陵起伏的撒哈拉沙漠

阿雷格人的语言引入的，在其语言中就是"沙漠"的意思。这块沙漠大约形成于 250 万年以前。

撒哈拉沙漠将非洲大陆分割成两部分，北非和南部黑非洲，这两部分的气候和文化截然不同，撒哈拉沙漠南部边界是半干旱的热带稀树草原，阿拉伯语称为"萨赫勒"，再往南就是雨水充沛，植物繁茂的南部非洲，阿拉伯语称为"苏丹"，意思是黑非洲。

撒哈拉沙漠主要的地形特色包括：季节性泛滥的盆地和大绿洲洼地，高地多石，山脉陡峭，以及遍布沙滩、沙丘和沙海。沙漠中最高点为 3415 米的库西山顶，位于查德境内的提贝斯提山脉；最低点为海平面下 133 米，在埃及的盖塔拉洼地。

撒哈拉沙漠约在 500 万年之前就以气候型沙漠形式出现，即在上新世早期（530 万 ~ 340 万年前）。自从那时起，它就一直经历着干、湿情况的变动。

尼罗河的主要支流在撒哈拉沙漠汇集，河流沿着沙漠东边缘向北流入地中海；有几条河流入撒哈拉沙漠南面的查德湖，还有相当数量的水继续流往东北方向重新灌满该地区的蓄水层；尼日河水在几内亚的富塔贾隆地区上涨，流经撒哈

撒哈拉沙漠植被

拉沙漠西南部然后向南流入海。从阿特拉斯山脉和利比亚、突尼斯、阿尔及利亚以及摩洛哥的沿海高地流入的溪流为干河床（季节性溪流）提供了额外的水量。尤其引人注目的是与提贝提斯山脉相关的干河床、湖泊、池塘组成的综合网络，以及塔西利—恩—阿耶和阿哈加尔山脉的类似网络，如塔曼拉

基特河。撒哈拉沙漠的沙丘储有相当数量的雨水，沙漠中的各处陡崖有渗水和泉水出现。

撒哈拉沙漠的土壤有机物含量低，且常常无生物活动，尽管在某些地区有固氮菌。洼地的土壤常含盐。沙漠边缘上的土壤则含有较集中的有机物质。

撒哈拉沙漠气候由信风带的南北转换所控制，常出现许多极端。它有世界上最高的蒸发率，并且有一连好几年没降雨的最大面积记录。气温在海拔高的地方可达到霜冻和冰冻地步，而在海拔低处可有世界上最热的天气。

撒哈拉沙漠植被整体来说是稀少的，高地、绿洲洼地和干河床四周散布有成片的青草、灌木和树。在含盐洼地发现有盐土植物（耐盐植物）。在缺水的平原和撒哈拉沙漠的高原有某些耐热耐旱的青草、草本植物、小灌木和树。

二、塔克拉玛干沙漠

在我国新疆南部塔里木盆地内，有我国境内最大的沙漠，它就是塔克拉玛干沙漠。在维吾尔语中，"塔克"是山的意思，但是准确的翻译却是"大荒漠"或者引申为"广阔"，于是很多人把"塔克拉玛干"解释为"山下面的大荒漠"，也是很有说服力的。塔克拉玛干沙漠的侧翼都是雄伟的山脉：北面是天山，南面是昆仑山，西面帕米尔高原。东面逐渐过渡，直到罗布泊。在南面和西面，沙漠和山脉之间，是由卵石碎屑沉积物构成的一片坡形沙漠低地。

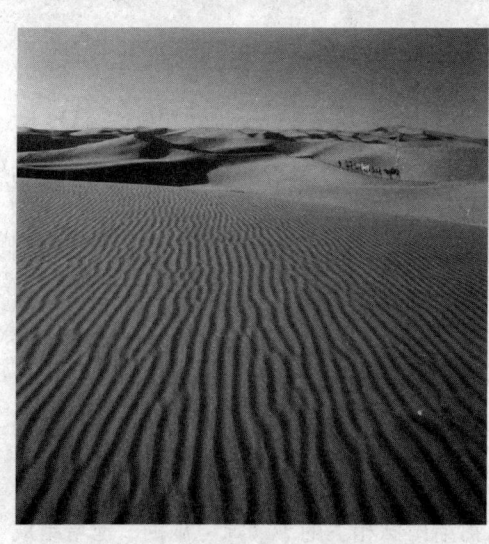

一望无垠的塔克拉玛干沙漠

塔克拉玛干沙漠东西长约1000多千米，南北宽约400多千米，总面积达337600平方千米，在世界沙漠排名里处于第十位。由于它是我国境内最大的沙漠，所以习惯上称它为"塔克拉玛干大沙漠"。另外，该沙漠还是世界上第二大流动沙漠，而且其流沙的面积在世界各沙漠中是最大的。沙漠的地形基本是西南部高（海拔1200～1500米），东北部低（海拔800～1000米）。

塔克拉玛干沙漠处于大陆内部，属于典型的大陆性气候，而且风沙十分强烈，温度变化极大，全年降水稀少。然而，在世界所有的大沙漠当中，这片沙漠又是最神秘、最具诱惑力的沙漠。这首先表现在沙漠中的流动沙丘。塔克拉玛干沙漠中的流动沙丘面积巨大，其高度一般在100～200米，有的沙丘可以达到300米高左右。这些沙丘类型复杂，形态多样，有众多复合型沙山和沙垄，他们就像憩息在荒漠中的一条条巨龙。众多的沙丘组成多样的沙丘群，有蜂窝状的、羽毛状的、鱼鳞状的，变幻莫测。沙漠中有两座红白分明的高大沙丘，人们给它取了个神圣的名字叫"圣墓山"。它们分别是由红沙岩和白石膏经过风化形成的。在"圣墓山"上有一种奇特的风蚀蘑菇，其高度达5米，巨盖下约可容纳10多个人。

沙漠中全年中有三分之一的日子都刮着风沙，其风速可达每秒达300米。由于整个沙漠受南北和西北两个盛行风向的交互影响，风沙活动频繁而十分剧烈，流动沙丘占沙丘面积的80％以上。据研究人员测算一些低矮的沙丘每年移动20米左右。也就是说，近一千年来，整个沙漠约向南延伸了100千米。

塔克拉玛干沙漠稀疏的植被

地球的外貌
DIQIU DE WAIMAO

塔克拉玛干沙漠由于属于大陆性气候，气候干燥。在炎炎烈日之下，沙面的温度异常的高，有时可达 70℃ ~ 80℃。由于赤日下的银沙刺眼，还有地表旺盛的蒸发，经常会使地表的景物飘忽不定，于是这时候人们往往在远处出现幻觉，这就是沙漠中的"海市蜃楼"。

塔克拉玛干沙漠中并不是一片死寂。在沙漠的四周，沿着内流河叶尔羌河、塔里木河、和田河和车尔臣河的河岸，生长着茂密的胡杨林和柽柳灌木，形成沙海中的"绿岛"。尤其是纵贯沙漠的和阗河沿岸，生长着芦苇、胡杨等各种各样的沙生野草，构建出沙漠中的"绿色走廊"，"走廊"中流水潺潺，绿洲互通。这一带的小林中还生活着野兔、小鸟等动物，这些使"死亡之海"显露出一丝生机。另外，考察人员在沙层下面发现了丰富的地下水资源，这一发现推翻了对于该沙漠的"生命禁区论"。

塔克拉玛干沙漠气候条件恶劣，白天炎热难耐，晚上却十分寒冷，昼夜温差达 40℃ 以上；夏季气温高，在沙漠的东缘可高达 38℃。东部地区 7 月份平均气温为 25℃。冬季寒冷：1 月份平均气温为 -9 ~ -10℃，冬季所达到的最低温度一般在 -20℃ 以下。沙漠年平均降水量不超过 100 毫米，最低时只有 4 毫米左右，而平均蒸发量高达 2500 ~ 3400 毫米，这大大加剧了干旱的状况。沙漠的西部地区，夏季盛行北风和西北风，两种气流在位于克里雅河最北端的沙漠中心附近会合后，形成复杂的大气环流系统，这一点在沙丘的形状上有清楚的反映。春季来临时，地表沙逐渐变暖，上升气流发展，东北风逐渐强烈起来。在此期间，常常发生强飓风尘暴，使大气很快充满沙尘，最高海拔可达 3962 米。其他方向来的风也往往会刮起尘土，这样使得塔克拉玛干沙漠几乎全年笼罩着尘雾。

塔克拉玛干沙漠地处亚欧大陆的内部，四面为高山环绕。这里有变幻多样的沙漠形态，有丰富而抗盐碱、抗风沙的沙生植物，有蒸发量高于降水量的干旱气候，还有尚存于沙漠中的湖泊、穿越沙海的绿洲、潜入沙漠的河流，以及生活在沙漠中的野生动物等；尤其是被深埋于沙海下的丝绸之路遗址、远古村落、地下石油及多种矿藏统统被笼罩在奇幻的迷雾之下，等待着人们去探索。

三、阿拉伯沙漠

阿拉伯沙漠位于亚洲西南部，几乎占有整个阿拉伯半岛，是世界大沙漠区之一。其覆盖面积约为 233 万平方千米，北连叙利亚沙漠，东北和东濒波斯湾和阿曼湾，东南和南临阿拉伯海和亚丁湾，西接红海。阿拉伯沙漠的大部分在今沙特阿拉伯王国境内。亚丁湾和红海岸上的叶门在西南与沙漠接壤。突出到阿曼湾中的阿曼在沙漠最东端与之毗连。阿拉伯联合奠长国和卡达成为此地区的东北边缘，沿波斯湾南岸伸展开来。科威特邻沙特阿拉伯与伊拉克之间的北波斯湾；科威特西面的一个中立区——呈钻石形——为沙特阿拉伯与伊拉克所共有。在西北部，沙漠延伸进入约旦。

从空中看，阿拉伯沙漠像是一片广漠的淡沙色地带，偶有一列朦胧的悬崖或山脉、黑色的岩浆流或延伸到天际的微红沙丘体系。驼径在饮水点之间的地面上交叉。植被初看似乎并不存在，但却可看到地表的一层细微的茸毛，或力求生存的片片绿色灌木。几乎总有和风吹拂，而随季节的变化变成暴风。无论是寒冷还是炎热，这些气流或使沙体冷却，或将其烤得滚烫。日月在晴空中是明朗的，不过沙尘和湿气却降低能见度。

阿拉伯沙漠是世界上最神秘的沙漠，除有变化多端的漠地景致，连绵不断的沙丘轮廓线，质地特殊的各色沙石以外，此地的住民是最神秘的阿拉伯游牧民族——贝都因人。乘坐最适合沙漠行动的四轮车进入崎岖难行的沙漠享受飙沙赛车穿越沙丘的快感，直驱贝多因人居住的小村庄。在这里更加贴近游牧民族的真实生活。在帐篷里享用地道的风

阿拉伯沙漠

味烤肉餐，随兴加入当地部落的营火晚会及传统歌舞。

土壤水

土壤学中的土壤水是指在一个大气压下，在105℃条件下能从土壤中分离出来的水分。土壤水是植物生长和生存的物质基础，它不仅影响林木、大田作物、蔬菜、果树的产量，还影响陆地表面植物的分布。在土壤学中，根据对土壤水的研究方法的不同有两种土壤水分分类，一种是从能量的点来研究土壤水，从而形成水的能量分类，它主要研究水的能量状态和水的运动，主要用于研究分层土壤中水分运动、不同介质中水分的转化（蒸发、蒸腾），水分在土壤－植物－大气连续体（SPAC）中的运移和土壤水对植物的有效性。

冷冻的冰川

冰川是一种巨大的流动固体，是在高寒地区由雪再结晶聚积成巨大的冰山，因重力作用冰山流动，成为冰川。冰川作用包括侵蚀、搬运、堆积等作用，这些作用造成许多地形，使得经过冰川作用的地区形成多样的冰川地貌。此外，冰川所含的水量，占地球上除海水之外所有的水量的97.8%。据认为，全世界存在有多达70000～200000个冰川。冰川自两极到赤道带的高山都有分布，总面积约达16227500平方千米，即覆盖了地球陆地面积的11%，约占地球上淡水总量的69%。现代冰川面积的97%、冰量的99%为南极大陆和格陵兰两大冰盖所占有，特别是南极大陆冰盖面积达到1398万平方千米（包括冰架），最大冰厚度超过4000米，冰从冰盖中央向四周流动，最后流到海洋中崩解。

冰川是由多年积累起来的大气固体降水在重力作用下，经过一系列变质成冰过程形成的，主要经历粒雪化和冰川冰两个阶段。它不同于冬季河湖冻结的水冻冰，构成冰川的主要物质是冰川冰。在极地和高山地区，气候严寒，常年积雪，当雪积聚在地面上后，如果温度降低到零下，可以受到它本身的压力作用或经再度结晶而造成雪粒，称为粒雪。当雪层增加，将粒雪往更深处埋，冰的结晶越变越粗，而粒雪的密度则因存在于粒雪颗粒间的空气体积不断减少而增加，使粒雪变得更为密实而形成蓝色的冰川冰，冰川冰形成后，因受自身很大的重力作用形成塑性体，沿斜坡缓慢运动或在冰层压力下缓缓流动形成冰川。

在南极和北极圈内的格陵兰岛上，冰川是发育在一片大陆上的，所以称之为大陆冰川。而在其他地区冰川只能发育在高山上，所以称这种冰川为山岳冰川。在高山上，冰川能够发育，除了要求有一定的海拔外，还要求高山不要过于陡峭。如果山峰过于陡峭，降落的雪就会顺坡而下，形不成积雪。

绒布冰川

我国山岳冰川按成因分为大陆性冰川和海洋性冰川两大类。总储量约51300亿立方米。前者占冰川总面积的80%，后者主要分布在念青唐古拉山东段。按山脉统计，昆仑山、喜马拉雅山、天山和念青唐古拉山的冰川面积都超过7000平方千米，4条山脉的冰川面积共计40300平方千米，约占全国冰川总面积的70%，其余30%的冰川面积分布与喀喇昆仑山、羌塘高原、帕米尔、唐古拉山、祁连山、冈底斯山、横段山及阿尔泰山。

按照冰川的规模和形态，冰川分为大陆冰盖（简称冰盖）和山岳冰川（又称山地冰川或高山冰川）。山岳冰川主要分布在地球的高纬和中纬山地区。其类型多样，主要有悬冰川、冰斗冰川、山谷冰川、平顶冰川。

大陆冰盖主要分布在南极和格陵兰岛。山岳冰川则分布在中纬、低纬的

地球的外貌
DIQIU DE WAIMAO

格陵兰岛冰盖

一些高山上。全世界冰川面积共有1500多万平方千米，其中南极和格陵兰的大陆冰盖就占去1465万平方千米。因此，山岳冰川与大陆冰盖相比，规模极为悬殊。

巨大的大陆冰盖上，漫无边际的冰流把高山、深谷都掩盖起来，只有极少数高峰在冰面上冒了一个尖，辽阔的南极冰盖，过去一直是个谜，深厚的冰层掩盖了南极大陆的真面目。科学家们用地球物理勘探的方法发现，茫茫南极冰盖下面有许多小湖泊，而且这些湖泊里还有生命存在。

我国的冰川都属于山岳冰川。就是在第四纪冰川最盛的冰河时代，冰川规模大大扩大，也没有发育为大陆冰盖。

冰川的地貌特征大致有以下几种。

雪线：一个地方的雪线位置不是固定不变的。季节变化就能引起雪线的升降，这种临时现象叫做季节雪线。只有夏天雪线位置比较稳定，每年都回复到比较固定的高度，由于这个缘故，测定雪线高度都在夏天最热月进行。就世界范围来说，雪线是由赤道向两极降低的。珠穆朗玛峰北坡雪线高度在6000米左右，而在南北极，雪线就降低在海平面上。雪线是冰川学上一个重要的标志，它控制着冰川的发育和分布。只有山体高度超过该地的雪线，每年才会有多余的雪积累起来。年深日久，才能成为永久积雪和冰川发育的地区。

粒雪盆：雪线以上的区域，从天空降落的雪和从山坡上滑下的雪，容易在地形低洼的地方聚集起来。由于低洼的地形一般都是状如盆地，所以在冰川学上称其为粒雪盆。粒雪盆是冰川的摇篮，聚积在粒雪盆里的雪，究竟是怎样变成冰川冰的呢？雪花经过一系列变质作用，逐渐变成颗粒状的粒雪。

粒雪之间有很多气道,这些气道彼此相通,因此粒雪层仿佛海绵似的疏松。有些地方的冰川粒雪盆里的粒雪很厚,底部的粒雪在上层的重压下发生缓慢的沉降压实和重结晶作用,粒雪相互连结合并,减少空隙。同时表面的融水下渗,部分冻结起来,使粒雪的气道逐渐封闭。被包围在冰中的空气就此成为气泡。这种冰由于含气泡较多,颜色发白,容重约为 0.82～0.84 克/立方厘米,也有人把它专门叫做粒雪冰。粒雪冰进一步受压,排出气泡,就变成浅蓝色的冰川冰。巨厚的冰川冰在本身压力和重力的联合作用下发生塑性流动,越过粒雪盆出口,蜿蜒而下,形成长短不一的冰舌。长大的冰舌可以延伸到山谷低处以至谷口外。发育成熟的冰川一般都有粒雪盆和冰舌,雪线以上的粒雪盆是冰川的积累区,雪线以下的冰舌是冰川的消融区。二者好像天平的二端,共同控制着冰川的物质平衡,决定着冰川的活动。雪线正好相当于天平的支点。

冰斗:在河谷上源接近山顶和分水岭的地方,总是形成一个集水漏斗的地形。当气候变冷开始发育冰川的时候,这种靠近山顶的集水漏斗,首先为冰雪所占据。冰雪在集水漏斗中积累到一定程度,发生流动而成冰川。冰川

粒雪盆

对谷底及其边缘有巨大的刨蚀作用,它像木匠的刨子和锉刀那样不断地工作,原来的集水漏斗逐渐被刨蚀成三面环山、宛如一张藤椅似的盆地形状。这种地形叫做冰斗。冰斗大多发育在雪线附近的高程上。

一般山谷冰川,往往爬上冰坎,才能看到白雪茫茫的粒雪盆。当冰川消失之后,这样的盆底就是一个冰斗湖泊。高山上常常可以见到冰斗湖,它们有规则地分布在某个高度上,代表着古冰川时代的雪线高度。

地球的外貌
DIQIU DE WAIMAO

冰斗

冰碛：水冻结成冰，体积要增加9%左右。当融化的冰雪水在晚上重新在岩石裂缝里冻结时，对周围岩体施展着强大的侧压力，压力最大可达2吨/平方厘米。在这样强大的冻胀力面前不少岩石都破裂了，寒冻风化作用不仅在山坡裸露的地方进行，在冰川底床也能进行。这是因为冰川底床有暂时的压力融水，融水渗入谷底岩石裂缝里，冻结时也产生强大的冻胀力。寒冻风化作用不停地在山坡上和冰川底床制造松散的岩块碎屑，山坡上的碎屑在重力作用下滚落到冰川上，底床里的碎屑更容易被冰川挟带着一起流动。冰川挟带的碎石岩块通称为冰碛。冰川表面的岩石碎块称为表碛，冰川内部的叫内碛，冰川底部的叫底碛，冰川两侧的是侧碛。侧碛靠近山坡，碎石岩块的来源丰富，因而侧碛又高又大，像左右二道夹峙着冰川的巍巍城墙。到冰舌前端，2条侧碛大多交汇在一起，连成环形的终碛。终碛像高大的城堡，拱卫着冰川，攀登冰川的人，必须首先登临终碛，才能接近冰川。我国西部不少终碛高达200余米。并不是所有冰川都有终碛的，前进迅速和后退迅速的冰川都没有终碛，只有冰川在一个地方长期停顿时，才能造成高大的终碛。两条冰川汇合时，相邻的两条侧碛合为一条中碛。树枝状山谷冰川表面中碛很多，整个冰川呈现黑白相间的条带状。冰碛是冰川搬运和堆积的主要物质，也是冰川改变地球面貌的证据之一。

冰川年轮：粒雪盆中的粒雪和冰层大致保持平整，层层叠置。每一年积累下来的冰层，在冰川学上叫做年层。冬季积雪经夏季消融后，形成一个消融面，消融面上污化物较多，所以也叫做污化面。污化面是划分年层的天然标志。有了年层，冰层就能像树轮一样被测出年龄来。由于冰川在形成的时候封存了一些空气和尘埃，冰川学家能够从中提取气泡和尘埃分析当时的气候。

　　冰面湖：冰面湖的形成主要有3种形式。一种是冰川上的冰下河道融蚀冰川，产生巨大的洞穴或隧道，洞穴顶部塌陷，便形成较深较大的长条形湖泊。一种是冰川低陷处积水，在夏季产生强烈的融蚀作用而形成的。另外，冰川周围嶙峋的角峰，经常不断地崩落下岩屑碎块。如果较大体积的岩块覆盖在冰川上，引起差别消融，就能生长成大小不等的冰蘑菇。如果崩落的岩块较小，在阳光下受热增温就会促进融化，结果岩块陷入冰中，形成圆筒状的冰杯。冰杯形成速度很快，在冰面上形成大大小小的积水潭，在夏天消融期间，冰面积水温度较高，有时竟达到5℃。因此积水的融蚀作用强烈，能把蜂窝状的冰杯逐渐融合一起，形成宽浅的冰面湖泊。冰面湖给冰川景色增添了更为绚丽多彩的风光。夏天，每当朝日初升或夕阳西下的时候，碧绿的湖面上霞光万道，灿烂夺目。

　　冰洞：夏季，冰川经常处于消融状态中。冰川的消融分为冰下消融、冰内消融和冰面消融3种。地壳经常不断向冰川底部输送热量，从而引起冰下

冰碛物

消融。不过冰下消融对于巨大的冰川体来说，是微不足道的。当冰面融水沿着冰川裂缝流入冰川内部，就会产生冰内消融。冰内消融的结果，孕育出许多独特的冰川岩溶现象，如冰漏斗、冰井、冰隧道和冰洞等（我们知道云南的石林是由喀斯特地貌形成的，由冰内消融引起的冰川地貌很像喀斯特地貌，冰川学家称这种冰川形态为喀斯特冰川）。

冰钟乳：冰川上的融水，在流动过程中，往往形成树枝状的小河网，时而曲折蜿流，时而潜入冰内。在一些融水多面积大的冰川上，冰内河流特别发育。当冰内河流从冰舌末端流出时，往往冲蚀成幽深的冰洞。洞口好像一个或低或高的古城拱门。从冰洞里流出来的水，因为带有悬浮的泥距沙，像乳汁一样浊白，冰川学上叫冰川乳。当冰川断流的时候，走进冰洞，犹如进入一个水晶宫殿。有些冰川，通过冰洞里的隧道，一直可以走到冰川底部去。冰洞有单式的，有树枝状的，洞内有洞。洞中冰柱林立，冰钟乳悬连，洞壁的花纹十分美丽。有的冰洞出口高悬在冰崖上，形成十分壮观的冰水瀑布。

冰洞

冰塔：冰面差别消融产生许多壮丽的自然景象，如冰桥、冰芽、冰墙和冰塔等。尤其是冰塔林，吸引了不少人的注意。珠穆朗玛峰和希夏邦马峰地区的很多大冰川上，发育了世界上罕见的冰塔林。一座又一座数十米高的冰塔，仿佛用汉白玉雕塑出来似的，它们朝天耸立在冰川，千姿万态。有的像西安的大雁塔、小雁塔的塔尖，有的像埃及尼罗河畔的金字塔，有的像僵卧的骆驼，有的又像伸向苍穹的利剑。

冰蘑菇：冰川周围嶙峋的角峰，经常不断地崩落下岩屑碎块。如果崩落的岩块较小，在阳光下受热增温就会促进融化，结果岩块陷入冰中，形成圆筒状的冰杯，进而形成冰面湖。如果较大体积的岩块覆盖在冰川上，引起差别消融，当周围的冰全部融化了，而大石块因为遮住了太阳辐射，其下的冰没有融化，就能生长成大小不等的冰蘑菇。

富饶的盆地

盆地四周高、中间低，整个地形像一个大盆。盆地的四周一般有高原或山地围绕，中部是平原或丘陵。

盆地主要有两种类型。一种是地壳构造运动形成的盆地，称为构造盆地，如我国新疆的吐鲁番盆地、江汉平原盆地。另一种是由冰川、流水、风和岩溶侵蚀形成的盆地，称为侵蚀盆地，如我国云南西双版纳的景洪盆地，主要由澜沧江及其支流侵蚀扩展而成。

盆地面积大小不一，中国的四川、塔里木、准噶尔、柴达木等盆地，面积都在10万平方千米以上。小的盆地只有方圆几千米，在贵州叫"坝子"。有些盆地内的自然条件优越，资源丰富，被人们称为聚宝盆。我国的四川盆地素有"天府之国"之称，柴达木盆地富积岩盐，藏语"柴达木"就是盐泽的意思，新疆吐鲁番盆地盛产葡萄。

一、刚果盆地

刚果盆地是非洲最大的盆地，也是世界上最大的盆地。又称扎伊尔盆地。位于非洲中西部。呈方形，赤道横贯中部。面积约337万平方千米。位于下几内亚高原、南非高原、东非高原及低小的阿赞德高原之间，大部在扎伊尔境内，西部及北部包括刚果及中非的部分领土。

刚果盆地原为内陆湖，因地盘上升和湖水外泄，形成典型的大盆地。是前寒武纪非洲古陆块的核心部分。由古老的变质花岗岩、片麻岩、片岩、石英岩等组成。从盆地边缘向中央的岩层分布由老到新，依次为太古代基底杂岩、二叠－三叠纪砾岩、石灰岩和砂岩、侏罗纪卡罗系砂岩、洪积世和现代沉积。

地球的外貌

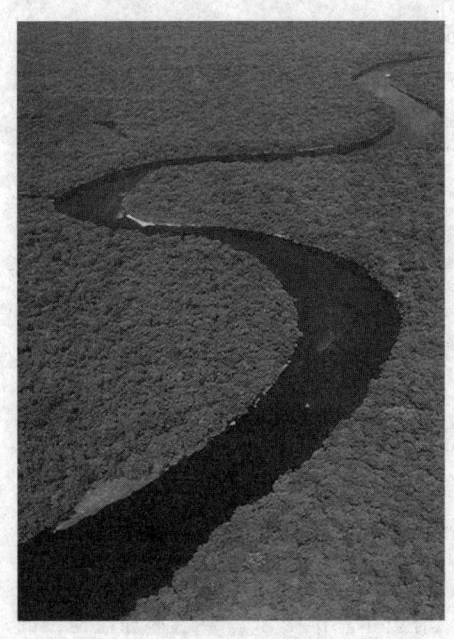

刚果盆地

刚果盆地地形周高中低，除西南部有狭窄缺口外全被高原山地包围。内部为平原，地势低下，平均海拔300~500米，从东南向西北倾斜，多湖泊，有大片沼泽。金沙萨北的马莱博湖海拔305米，为盆地最低处。平原上刚果河及其支流具有宽广的谷地，排水不畅，河水漫出河床而形成大片沼泽。

平原外围有孤山和丘陵，高度为海拔500~600米，是平原和盆边高地的过渡带。

盆地边缘为一系列高原、山地。北缘为中非高地，平均海拔700~800米，为刚果河、乍得湖、尼罗河三大水系的分水岭；东缘为米通巴山脉；东南缘是南非高原北端的加丹加高原，为刚果河和赞比西河的源地；西南缘隆达高原是安哥拉比耶高原的北延，为刚果河、开赛河和安哥拉北部诸河的分水岭；西缘为喀麦隆低高原、苏安凯山地、凯莱山地和瀑布高原等一系列高地。有刚果河及其支流形成的单一完整的水系。

刚果盆地是个构造盆地，底部是基本上未受扰动的厚层沉积岩，形成平坦单调的地形，只有断层作用造成的一些零星分布的不高的陡崖在一定程度上打破这种单调的景观。沉积岩是在内湖沉积的。后来由于地壳上升，原始的刚果河（扎伊尔河）切穿盆地西缘，内湖才逐渐消失。现在盆地西南部的两个大湖就是它的残迹。盆地周围是相邻高原的边坡，其基底结晶岩广泛出露。

刚果盆地拥有仅次于亚马逊河盆地的世界第二大热带雨林，汇聚了极其丰富的物种，包括1万多种植物，400多种哺乳动物，1000多种鸟，200多种爬行动物。这里的大森林被称为地球最大的物种基因库之一。

二、巴黎盆地

法国北部盆地。南靠中央高原，东至洛林高原，北邻阿登高地，西到阿莫里坎丘陵。东西宽约450千米，南北长约300千米，面积约占国土的1/4。海拔300米以下。面积约14万平方千米。地势低平，平均海拔178米，中心地带海拔仅26米。边缘环有海拔约300米的丘陵，高原塞纳河流贯全境，有运河与卢瓦尔河、马斯河、摩泽尔河相通。有集约农业，产小麦，有乳肉用畜牧业。巴黎盆地号称是法国最广阔、最肥沃的平原，这里是法国农业最先进的地区之一，盛产甜菜、小麦、燕麦、蔬菜和葡萄。东部旧香槟省以葡萄种植业和酿酒业（香槟酒）闻名。巴黎位于盆地中央。气候上为温带海洋气候：冬季温和，夏季凉爽，气温年较差小，雨日多，日照少。地中海沿岸为地中海气候：冬季温和多雨，夏季炎热干燥。其降水适中，日照充足。

三、四川盆地

四川盆地是我国四大盆地之一，位于四川省东部，西面是青藏高原，南面有云贵高原，东面是巫山，北面有大巴山，面积10多万平方千米，是我国典型的盆地。盆周山地海拔多在1000～3000米；盆底地势低矮，海拔200～750米，是我国地势划分的第二级阶梯上相对凹下的部分；因为地表广泛出露侏罗纪至白垩纪的红色岩系，又称为红色盆地。西部是大幅隆起、地域辽阔的高原和山地，海拔多在4000米以上，属我国地势划分的第二级阶梯。

四川盆地位于亚热带，北有秦岭、大巴山阻挡寒潮侵袭，冬季温和，少见冰

四川盆地

地球的外貌

雪,最冷月平均温度较同纬度的长江中下游高出2℃~4℃,春季亦早来一个月,利于冬小麦、油菜、蚕豆等越冬作物和亚热带多年生植物生长。夏季长约5个月。盆地历来以农产丰饶著称,被誉为"天府之国"。盆地内还蕴藏煤、石油、天然气以及盐、磷灰石、硫磺等矿产,已发展为中国西南部重要工业基地。旧时对外交通不便,有"蜀道难,难于上青天"之说。今已修建成渝、宝成、成昆、川黔、襄渝等铁路,整治长江航道,开辟成都、重庆飞往全国各主要城市的航空线,交通形势有了根本的改变。成都、重庆是重要经济和交通中心。

盆地其北纳岷江、沱江、嘉陵江等支流,南纳乌江。四川盆地在形成的过程中,周围山地,高原的细沙和泥土被流水冲积到盆底,含铁、磷、钾的物质经过氧化,变成紫红色,所以四川盆地又被称"紫色盆地"。四川盆地的土壤多为紫色土,富含磷、钾等养分,这里气候暖和,利于亚热带作物生长。

盆地植被

盆地边缘多低山和中山,山势陡峻,发源盆地边缘山地的河流大多为"V"谷,岭谷高差都逾500~1000米,地表崎岖。山脊海拔大多在2000~3000米,西北部与西部可超过3000~4000米,如龙门山4984米,峨眉山3099米,小相岭4791米。地表广泛出露古生代及其以前的石灰岩,其次为板岩、片岩、结晶灰岩、石英岩、砂泥岩和砾岩,局部有花岗岩和玄武岩。石灰岩分布区可见石林、溶洞、暗河、槽谷等喀斯特地貌,盆地南缘兴文县素有"石林洞乡"之称(见兴文石林)。巫山十二峰和金佛山等名山主要也由石灰岩发育而成。由石灰岩、玄武岩、花岗岩等组成的峨眉山及由砂泥岩、砾岩组成的青城山,素有"峨眉天下秀"、

"青城天下幽"之称。

盆地底部海拔多数在250~700米，地势东南倾，盆地内各河流均由边缘山地汇聚盆地底部的长江干流，形成向心状水系。是中国中生代陆相红层分布最集中地区。四川盆地为丘陵性盆地，底部以丘陵为主，次为低山和平原。

四川盆地中植物近万种，古老而特有种之多为我国其他地区所不及。在盆地边缘山地及盆东平行岭谷尚可见水杉、银杉、鹅掌楸、檫木、三尖杉、珙桐、水青树、连香树、领春木、金钱槭、蜡梅、杜仲、红豆杉、钟萼木、福建柏、穗花杉、崖柏、木瓜红等珍稀孑遗植物与特有种。在湿热河谷可见桫椤、小羽桫椤、乌毛蕨、华南紫萁、里白等古热带孑遗植物。已在金佛山和缙云山分别设立了自然保护区。盆地东南缘的酉阳还有世界上最高大的白花泡桐，最高者达44米。

四川盆地的地带性植被是亚热带常绿阔叶林，其代表树种有栲树、峨眉栲、刺果米槠、青冈、曼青冈、包石栎、华木荷、大包木荷、四川大头茶、桢楠、润楠等，海拔一般盆地植被在1600~1800米以下。其次有马尾松、杉木、柏木组成的亚热带针叶林及竹林。边缘山地从下而上是常绿阔叶林、常绿阔叶与落叶阔叶混交林，寒温带山地针叶林，局部有亚高山灌丛草甸。

四、塔里木盆地

我国最大的内陆盆地。在新疆维吾尔自治区南部。北、西、南为天山、帕米尔和昆仑山、阿尔金山环绕。平均海拔1000米左右，西部海拔1000米以上，东部罗布泊降到780米。面积530000平方千米。由于深处大陆内部，又有高山阻碍湿润空气进入，年降水量不足100毫米，大多在50毫米以下，极为干旱。盆地中心形成塔克拉玛干沙漠。罗布泊、台特马湖周围为大片盐漠。发源于天山、昆仑山的河流到沙漠边缘就逐渐消失，只有叶尔羌河、和田河、阿克苏河等较大河流能维持较长流程。各河均汇入塔里木河。

"塔里木"维吾尔语即"河流汇集"之意。旧时喀什噶尔河、渭干河等也汇入塔里木河，后因灌溉耗水过多，与塔里木河间已断流。水源充足的山麓地带已发展为灌溉绿洲，著名的有库尔勒、库车、阿克苏、喀什、叶城、和田、于田等。塔里木盆地是我国最古老的内陆产棉区，光照条件好，热量

地球的外貌
DIQIU DE WAIMAO

丰富,能满足中、晚熟陆地棉和长绒棉的需要。昼夜温差大,有利于作物积累养分,又不利害虫孳生,是我国优质棉种植的高产稳产区。瓜果资源丰富,著名的有库尔勒香梨、库车白杏、阿图什无花果、叶城石榴、和田红葡萄等,木本油料的薄壳核桃种植也很普遍,和田的地毯编织和桑蚕都发达。

菱形的塔里木盆地

盆地东西长 1400 千米,南北宽约 550 千米。地势由南向北缓斜并由西向东稍倾。边界受东西向和北西向深大断裂控制,成为不规则的菱形,并在东部以 70 千米宽的通道与河西走廊相接。

塔里木盆地是大型封闭性山间盆地,地质构造上是周围被许多深大断裂所限制的稳定地块,地块基底为古老结晶岩,基底上有厚约千米的古生代和元古代沉积覆盖层,上有较薄的中生代和新生代沉积层,第四纪沉积物的面积很大,构造上的塔里木盆地地块和地貌上的塔里木平原,范围并不一致。坳陷内有巨厚的中生代和新生代陆相沉积,最大厚度达万米,是良好含水层。盆地呈不规则菱形,四周为高山围绕。边缘是与山地连接的砾石戈壁,中心是辽阔沙漠,边缘和沙漠间是冲积扇和冲积平原,并有绿洲分布。盆地地势西高东低,微向北倾。旧罗布泊湖面高程 780 米,盆地最低点塔里木河位置偏于盆地北缘,水向东流。

盆地沿天山南麓和昆仑山北麓,主要是棕色荒漠土、龟裂性土和残余盐土。昆仑山和阿尔金山北麓则以石膏岩盘棕色荒漠土为主。沿塔里木河和大河下游两岸的冲积平原上主要是草甸土和胡杨林土(土壤学上亦称吐喀依土)。草甸土分布广。

五、准噶尔盆地

准噶尔盆地是我国第二大盆地,位于新疆境内,天山山脉和阿尔泰山脉之间,平面形态南宽北窄,略呈三角形,面积约13万平方千米。根据航磁等资料综合分析认为,准噶尔盆地具有双基底结构:下部为前寒武纪结晶基底,上部为晚海西期(泥盆~早中石炭世)的褶皱基底。

准噶尔盆地东西长1120千米,南北最宽处约800千米。海拔500~1000米(盆地西南部的艾比湖湖面海拔仅190米),东高西低。盆地西部有高达2000米的山岭,多缺口,西北风吹入盆地,冬季气候寒冷,雨雪丰富。

盆地边缘为山麓绿洲,日平均气温大于10℃的温暖期约140~170天,栽培作物多一年一熟,盛产棉花、小麦。盆地中部为广阔草原和沙漠(库尔班通古特沙漠),部分为灌木及草本植物覆盖,主要为南北走向的垄岗式固定、半固定沙丘,南缘为蜂窝状沙丘。

盆地南缘冲积扇平原广阔,是新垦农业区。发源于山地的河流,受冰川和融雪水补给,水量变化稳定,农业用水保证率高。除额尔齐斯河注入北冰洋外,玛纳斯、乌伦古等内陆河多流注盆地,积聚为湖泊(如玛纳斯湖、乌伦古湖等)。

牧场广阔,牛羊成群。准噶尔

准噶尔盆地荒漠景观

地球的外貌
DIQIU DE WAIMAO

盆地内蕴藏着丰富的石油、煤和各种金属矿藏，盆地西部的克拉玛依是中国较大的油田。北部的阿尔泰山区盛产黄金。

准噶尔盆地是晚古生代至中、新生代多旋回叠合盆地，其上沉积石炭纪、二叠纪、三叠纪、侏罗纪、白垩纪、第三纪和第四纪地层。盆地中央地层平缓，具稳定地块特征，盆地南部是天山山前坳陷（或称天山北缘前陆盆地），盆地西北部为成吉思汗逆冲断褶带，盆地东北部为克拉美丽山山前坳陷。盆地演化可划分为前陆盆地阶段、坳陷盆地阶段和再生前陆盆地阶段。

盆地中部为古尔班通古特沙漠，面积48800平方千米。年降水量150～250毫米。一些河流的尾闾可深入沙漠形成一定的植被覆盖，使沙丘成固定或半固定状态，部分地区可用为冬季牧场。居民大部分是维吾尔人和突厥人或蒙古人。汉民族多住在南部绿洲、农场和工业区。

六、柴达木盆地

柴达木盆地是青藏高原北部边缘的一个巨大的山间盆地，地处青海省西北部，西北倚阿尔金山，北和东北临祁连山，南为昆仑山，面积约22万平方千米。盆地西部海拔约3000米，东部降至2600米左右。西部有许多低山，经强烈风蚀形成大体平行排列的长岗和劣地，也有大片流动沙丘。盆地东南部有黄土状物质分布，依靠地下水发展灌溉农业，春小麦产量高。发源于四周山地的河流汇集于覆盖有第四系沉积物的盆地中部，形成众多的湖泊和湿地，多为咸水湖或盐湖。环湖有盐土平原。

柴达木盆地地貌

"柴达木"蒙古语即盐泽之意。位于盆地中央的察尔汗盐湖是我国最大盐湖，面积1600平方千米，最厚盐层达 15 米，储盐量约 250 亿吨。茶卡盐池、柯柯盐池的储盐量也很大。贯穿盆地南北的公路，有 31 千米就修筑在盐壳上。当地还有用盐块砌成的房屋。盆地中部有煤矿、铅锌矿和石油，已建立炼油厂。昆仑山北麓还发现铁矿和有色金属矿。铁路已由西宁通到格尔木。公路网也已初具规模，通达省内各地和相邻的省区。

侵蚀盆地

指各种外力侵蚀作用形成的盆地。这类盆地一般面积较小，低平宽浅。根据不同的外力作用，分为风蚀盆地、溶蚀盆地、河谷盆地、冰蚀盆地等。河流沿着地表岩石比较软弱的地方向下侵蚀、切割形成各种不同大小的河谷盆地。在我国西北部广大干旱地区，风力特别强，把地表的沙石吹走以后，形成了碟状的风蚀盆地。甘肃、内蒙古和新疆等地区的一些盆地就是这样形成的。

漂浮的岛屿

四面环水的小块陆地称为岛屿。其中面积较大的称为岛，如我国的台湾岛；面积特别小的称为屿，如厦门对岸的鼓浪屿。聚集在一起的岛屿称为群岛，如我国的舟山群岛。而按弧线排列的群岛又称为岛弧，如日本群岛、千岛群岛等。三面临水，一面和陆地相连的称半岛，世界上最大的半岛是阿拉伯半岛。

全世界的海岛有 20 多万个，大的可容纳几个中等国家，小的却比一个足球场还小。海岛总面积达 996.35 万平方千米，占地球陆地面积的6.6%。全世界有 42 个国家的领土全部由岛屿组成。

按岛屿的成因可分成大陆岛、火山岛、珊瑚岛和冲积岛四大类。

地球的外貌
DIQIU DE WAIMAO

大陆岛是一种由大陆向海洋延伸露出水面的岛屿。世界上较大的岛基本上都是大陆岛。它是因地壳上升、陆地下沉或海面上升、海水侵入，使部分陆地与大陆分离而形成的。世界上最大的格陵兰岛、著名的日本列岛、大不列颠群岛，以及我国的台湾岛、海南岛，都是大陆岛。

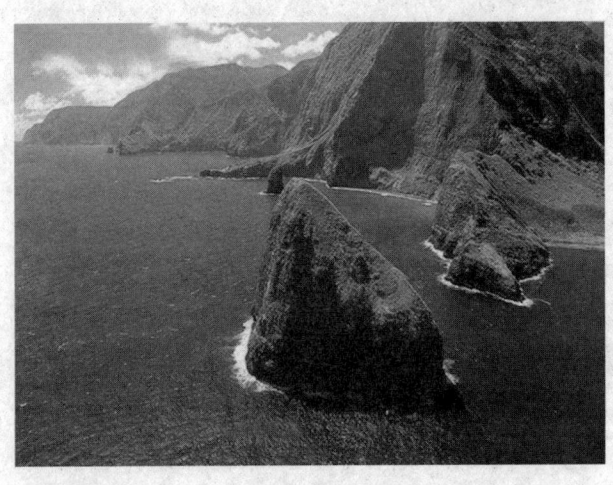

夏威夷群岛

火山岛是因海底火山持久喷发，岩浆逐渐堆积，最后露出水面而形成的。如夏威夷群岛是由一系列海底火山喷发而成，露出水面后呈长长的直线形。

珊瑚岛是由热带、亚热带海洋中的珊瑚虫残骸及其他壳体动物残骸堆积而成的，主要集中于南太平洋和印度洋中。珊瑚礁有3种类型：岸礁、堡礁和环礁。世界上最大的堡礁是澳大利亚东海岸的大堡礁，长达2000千米以上，宽50～60千米，十分壮观。

冲积岛一般都位于大河的出口处或平原海岸的外侧，是河流泥沙或海流作用堆积而成的新陆地。世界最大的冲积岛是位于亚马逊河口的马拉若岛。

海岛在人类文明的发展史上，具有独特的地位，有过重要的贡献。利用海岛的自然优势，可以建立起各种优异的商港、渔港、军港、工业基地。风光秀丽、气候宜人的海岛更是人们向往的旅游胜地。

一、格陵兰岛

格陵兰岛是世界最大岛，面积2166086平方千米，在北美洲东北，北冰洋和大西洋之间。从北部的皮里地到南端的法韦尔角相距2574千米，最宽处约有1290千米。海岸线全长3.5万多千米。

其实，这个岛并不像它的名字那样充满着春意。格陵兰在地理纬度上属于高纬度，它最北端莫里斯·杰塞普角位于北纬83度39分，而最南端的法韦尔角则位于北纬59度46分，南北长度约为2600千米，相当于欧洲大陆北端至中欧的距离。最东端的东北角位于西经11度39分，而西端亚历山大角则位于西经73度08分。那里气候严寒，冰雪茫茫，中部地区的最冷月平均温度为－47℃，绝对最低温度达到－70℃。

格陵兰岛无冰地区的面积为34.17万平方千米，但其中北海岸和东海岸的大部分地区，几乎是人迹罕至的严寒荒原。有人居住的区域约为15万平方千米，主要分布在西海岸南部地区。该岛南北纵深辽阔，地区间气候存在重大差异，位于北极圈内的格陵兰岛出现极地特有的极昼和极夜现象。

格陵兰岛是一个由高耸的山脉、庞大的蓝绿色冰山、壮丽的峡湾和贫瘠裸露的岩石组成的地区。从空中看，它像一片辽阔空旷的荒野，那里参差不齐的黑色山峰偶尔穿透白色眩目并无限延伸的冰原。但从地面看去，格陵兰岛是一个差异很大的岛屿：夏天，海岸附近的草甸盛开紫色的虎耳草和黄色的罂粟花，还有灌木状的山地木岑和桦树。但是，格陵兰岛中部仍然被封闭在巨大冰盖上，在几百千米内既不能找到一块草地，也找不到一朵小花。格陵兰岛是一个无比美丽并存在巨大地理差异的岛屿。东部海岸多年来堵满了难以逾越的冰块，因为那里的自然条件极为恶劣，交通也很困难，所以人迹罕至。这就使这一辽阔的区域成为北极的一些濒危植物、鸟类和兽类的天然避难所。矿产以冰晶石最负盛名。水产丰富，有鲸、海豹等。

格陵兰岛的极昼现象

地球的外貌

在格陵兰岛长而深的峡湾伸入东西两岸腹地,形成复杂的海湾系统;人烟虽然稀少,景色却极为壮观。在沿海岸的许多地方,冰体迳直向海面移动;冰川断裂,滑入水中形成大块冰山。

格陵兰属阴冷的极地气候,仅西南部受湾流影响气温略微提高。该岛冰冷的内地上空有一层持久不变的冷空气,冷空气上方常有低压气团自西向东移动,致使天气瞬息多变,时而阳光普照,时而风雪漫天。冬季(1月)平均气温南部为-6℃,北部为-35℃。西南沿岸夏季(7月)平均气温为7℃。最北部夏季平均气温为3.6℃。年平均降水量从南部的1900千米递减到北部的约50千米。

格陵兰岛上的冰山

格陵兰的植被以苔原植物为主,包括苔草、羊胡子草和地衣。有限的无冰地区除了一些矮小的桦树、柳树和桤树丛勉强存活外,其他树木几乎不见生存。岛上可见7种陆地哺乳动物:北极熊、麝牛、驯鹿、北极狐、雪兔、貂和旅鼠。四周的水域中有海豹和鲸,它们过去是格陵兰人的主要食物来源。主要咸水鱼有鳕、鲑、比目鱼和大比目鱼,河流中则有鲑和鳟。

二、台湾岛

台湾岛是我国第一大岛,位于东海南部,西依台湾海峡(属于东海),距福建省海岸75~220海里;东濒太平洋;东北与日本的琉球群岛为邻,距冲绳岛约335海里;南隔巴士海峡与菲律宾相望,距吕宋岛约195海里。岛形狭长,从最北端富贵角到最南端鹅銮鼻,长约394千米;最宽处在北回归线附近,约144千米。面积约3.58万平方千米,占全省面积逾99%,为台湾省主岛,在世界大岛中列第38位。人口约2300万(2006年)。其中汉族约占

98%，高山族等约占2%。

台湾岛属大陆岛，两亿多年前古生代晚期，地壳运动奠定了台湾岛的地质基底。4000万年前开始的喜马拉雅运动，地壳受挤压褶皱上升，形成最初台湾山系；约250万年前，地壳继续褶皱上升，构成台湾岛的现代地形。第四纪冰期海面下降与大陆相连，间冰期水面回升，复成海岛。

岛上多山，山地和丘陵占全岛面积2/3。分布于东部和中部，自东向西有台东、中央、玉山、雪山和阿里山5条平行山脉，呈北北东—南南西走向，以中央山脉为主分水岭。其中海拔1000米以上山地约占全部山地的一半，海拔3500米以上山峰有30余座。最高峰玉山，海拔3997米，为我国东南部第一高峰。丘陵多围绕5大山脉山麓，主要有北部的基隆、竹南丘陵，中部的丰原、嘉义丘陵

台湾岛航拍图

和南部的恒春丘陵，海拔约在600米左右。北部有大屯火山群，海拔多在1000米以下，是北部的重要屏障。

平原多在西部。台南平原最大，北起彰化，南至高雄，面积达4550平方千米，为岛上农业兴盛、人口密集、城镇较多地区。南部屏东平原和东北部宜兰平原亦为重要农业地区。狭长的台东纵谷平原介于台东山脉与中央山脉之间，是东部南北天然交通孔道。盆地主要有台北盆地、台中盆地和中部埔里盆地群。

海岸较为平直，岸线长1139千米，东部从三貂角至旭海为断层海岸，雪山山脉北端、中央山脉北端和南端、台东山脉直逼岸边，峻峭耸立，海底急剧倾斜，离岸数千米，水深即达一二千米；除北部有较大的宜兰平原外，仅

地球的外貌
DIQIU DE WAIMAO

在花莲、台东等地有小块冲积平原。北部从三貂角至淡水河口为峡湾海岸，多岬角湾澳。西部从淡水河口至枋寮为沙质海岸，岸线平直，沙滩绵长，较多地段便于登陆；滩涂宽广，多沙洲、尤以大肚溪口至曾文溪口一带海埔新生地增长迅速。南部从枋寮至旭海为珊瑚礁海岸，多陡峭崖岸，前有裙礁，南端鹅銮鼻与猫鼻头间有较低平的南湾。

全岛河流共151条，以中央山脉为分水岭，分别向东、西流入海洋，大都流程短、落差大、多险滩瀑布，富水力资源，不宜通航。以中部浊水溪最长，发源于合欢山，西流入海，长186千米，流域面积3155平方千米。河长大于100千米的还有高屏溪、淡水河、曾文溪、大甲溪、大肚溪，皆西流入海。天然湖泊很少，著名的有日月潭。

台湾岛最高峰——玉山

地跨北回归线南北，终年受黑潮影响，属南亚热带和北热带湿润气候，高温、多雨、多风。年平均气温由北而南为21℃～25℃，7月平均约28℃，1月为14℃～20℃；山地气温随高度而递减，3000米以上山地冬季有积雪。年平均降水量东、中部在2000毫米以上，东北部的火烧寮多达6300毫米以上；西部沿海一带较少，多在1500毫米左右。降水量与季风有关，北部冬季多于夏季，南部适相反。冬季盛行东北风，夏季盛行南风和西南风。夏、秋季常受热带气旋影响，以7～9月最盛，平均每年有3.5次8级以上热带气旋登陆本岛。正处环太平洋地震带，地震发生频率较高，以花莲及其附近海底最多。东岸属不正规半日潮，大潮差1.2米。西岸北港溪口以北属正规半日潮，潮差中部最大达4.2米，两端为2.6米。北港溪口以南大部为不正规半日潮，潮差1～2米。其中冈山至枋寮段为不正规全日潮，潮差较小，约为 0.6 米。

本岛西南有澎湖列岛，东北有钓鱼列岛，周围尚有彭佳屿、棉花屿、花瓶屿、基隆岛、和平岛、龟山岛、绿岛、兰屿、七星岩、琉球屿等，连本岛共 86 座岛屿。

三、海南岛

海南岛为我国一个省级行政区——海南省的主岛，位于我国最南端，雷州半岛的南部，北以琼州海峡与广东省划界，西临北部湾与越南民主共和国相对，东北濒南海与台湾省相望，东南和南边在南海中与菲律宾、文莱和马来西亚为邻。从平面上看，海南岛就像一只雪梨，横卧在碧波万顷的南海之上。

海南岛的长轴呈东北—西南向，长约 300 余千米，西北—东南向为短轴，长约 180 千米，面积 3.39 万平方千米，是我国仅次于台湾岛的第二大岛。海南岛北隔琼州海峡，与雷州半岛相望。琼州海峡宽约 20 千米，是海南岛和大陆间的海上"走廊"，又是北部湾和南海之间的海运通道。由于邻近大陆，加之岛内山势磅礴，五指参天，所以每当天气晴朗、万里无云之时，站在雷州半岛的南部海岸遥望，海南岛便隐约可见。

海南岛是一个美丽富饶、历史悠久的海岛。在地质时期，海南岛原与华夏大陆相连，生断陷形成的岛屿。

早古生代时（距今 5.7 亿年前~距今 4.4 亿年前），雷州半岛与海南岛地区是一个沉降带。加里东造山运动使雷琼地区上升成陆，形成以北东方向为主的一系列断裂褶皱

美丽的海南岛

地球的外貌

带，使早古生代沉积的地层发生了质变。到晚古生代（距今4.4亿年前～距今2.3亿年前），海南岛陆块相对稳定。但印支运动又促使岩浆活动强烈，形成现在海南岛广泛分布的花岗岩体，构成了山地，也筑成了海南岛的基础。后来的燕山运动和喜马拉雅运动又使这个花岗岩穹窿发生强烈的断裂，形成几条大的东西向断裂带，使断裂以南大约2/3的区域抬升，称为海南构造隆起，且1亿多年以来一直在上升；断裂以北发生下陷，称为雷琼凹陷。然而，在第四纪以前（250万年前），海南岛和雷州半岛还连在一起，在地质构造上属华夏地块的延伸部分。到了大约更新世（距今250万年前～距今1.5万年前）中期，由于火山活动，雷州半岛和海南岛之间发生了断陷，变成了琼州海峡，才使海南岛与大陆分开。以后海平面多次升降又使海南岛与大陆多次分离和相连，到第四纪冰期结束，海平面大幅度上升，才形成琼州海峡和海南岛现在的形态。

地质构造运动引起的海南构造隆起是海南岛中部不断抬升，逐渐形成了现在海南岛的地貌特征；山地位于中央，丘陵、台地、平原依次环绕四周。海南岛平均海拔20米。500米以上的山地占全岛的25%，100米以上的平原、台地占2/3。

海南岛的地形，以南渡江中游为界，南北景色迥然不同，南渡江中游以北地区，和雷州半岛相仿，具有同样广宽的台地和壮丽的火山风光。在南渡江中游以南地区，五指山横空出世，周围丘陵、台地和平原围绕着山地，环环相套，南部沿海，山地直逼海岸，气势十分雄伟。

海南岛气候属于海南性热带季风气候，年平均温度在22℃～26℃，一月份，大部分地区平均温度仍在19℃以上；最热的七月平均温度在28℃～32℃。年均降水1600毫米以上，其中以八九月份降雨量最为充沛，时见暴雨出现，也常有台风侵袭。终年常绿，四时花开，一年四季皆宜旅游。海南岛的旅游资源得天独厚，有"东方夏威夷"之称，也是世界上最大的"冬都"。

四、阿拉伯半岛

在1000多万年前，地中海和印度洋之间的大陆是连在一起的。以后发生了地壳大变动，形成了东非大裂谷，陆地中间陷落成为红海。红海把亚非大

千姿百态的地球风貌

陆截然分开。红海东边的一块土地成了一个略呈长方形的半岛——阿拉伯半岛。

具体说阿拉伯半岛位于亚洲和非洲之间，它从中东向东南方伸入印度洋。是世界上最大的半岛。向西它与非洲的边界是苏伊士运河、红海和曼德海峡。向南它伸入阿拉伯海和印度洋。向东它与伊朗隔波斯湾和阿曼湾相望。沙特阿拉伯、也门、阿曼、阿拉伯联合酋长国、卡塔尔和科威特、约旦、伊拉克位于阿拉伯半岛上。其中以沙特阿拉伯为最大。半岛南靠阿拉伯海，东临波斯湾、阿曼湾，北面以阿拉伯河口——亚喀巴湾顶端为界，与亚洲大陆主体部分相连。半岛南北长约2240千米，东西宽1200～1900千米，总面积达322万平方千米。

阿拉伯半岛常年受副高压及信风带控制，非常干燥，几乎整个半岛都是热带沙漠气候区并有面积较大的无流区，该区有7个无流国。农耕时只能用地下水。炎热干燥的气候形成了大片沙漠，沙漠面积约占总面积的1/3。半岛南部的鲁卜哈里沙漠达65万平方千米。

半岛上农产品很少，人民主要以牧业为生，多数放养骆驼。当地出产的阿拉伯马和阿拉伯骆驼在世界上很有名。阿拉伯半岛及附近的海湾中蕴藏着大量的石油和天然气，岛上许多国家都以此为经济支柱。沙特阿拉伯是世界上生产石油最多的国家，石油工业的产值占国民经济总产值的80%以上，被称为"石油王国"。

阿拉伯半岛西部较高，地势由西向东倾斜，呈阶梯状。西部为希贾兹——阿西尔高原；南段的希贾兹山脉海拔3000米左右；中部为纳季德（内志）

阿拉伯半岛示意图

地球的外貌 139

高原；东部是平原。半岛西南角土地肥沃，宜于耕种。

五、大陆的桥梁——地峡

地峡就像一座土桥，有的把两块大陆连接起来，如巴拿马地峡将南美洲和北美洲连接起来；有的把半岛和大陆连接起来，如克拉地峡是联系马来半岛和亚欧大陆的桥梁。

地峡的成因很复杂，有的是大陆板块漂移造成的，有的则是陆地部分下沉到海中造成的。在地球上，地峡分布很少，比较重要的有南、北美洲之间的巴拿马地峡，亚洲和非洲之间的苏伊士地峡，马来半岛和亚洲大陆之间的克拉地峡。

地峡的地理位置特别重要，它是沟通大陆和大陆、大陆和半岛的中间桥梁，也是交通的咽喉要道。地峡比较狭窄，两边邻水，是开凿运河的良好地段。如巴拿马运河通过中美地峡，联系大西洋和太平洋；苏伊士运河穿过苏伊士地峡，沟通地中海和红海、印度洋。在地峡处开凿运河，沟通洋或海，能节约海上航程。例如轮船从美国西部海港向南航行，穿过巴拿马运河到南美洲东部港口，要比绕道南美洲南端缩短1万千米。

六、巴拿马地峡

巴拿马地峡就是自哥斯达黎加边界至哥伦比亚边界之间的、东西走向的陆地。约长640千米。连接南、北美洲，分隔加勒比海（大西洋）和巴拿马湾（太平洋）。为南、北美洲最窄处（50～200千米），巴拿马共和国国土。最狭处为达连地峡（东）和奇里基地峡（西）。山脉、雨林和平原交错其间。最初由印第安人定居。19世纪初巴拿马独立前始终由西班牙统治。1849年修筑了横贯地峡铁路。1914年巴拿马运河通航，很多人到运河区定居，战略地位重要。

巴拿马地峡原是一条狭长的谷地，阻碍了南、北美大陆之间动植物群的相互交流。后来，随着板块运动的影响，南极孤立，洋流的改变，古地中海消失，阻碍了海洋的径向交换。当北极接近海面冰流及格陵兰冰流形成后，巴拿马地峡闭合，南北美大陆连成一片，由此造成两洲之间动物的交流，同

千姿百态的地球风貌

巴拿马地峡

时也阻止了大西洋与太平洋的沟通。巴拿马地峡关闭对生物演变产生了巨大影响，具有重大的古生物学意义。

七、苏伊士地峡

苏伊士地峡为苏伊士湾与红海之间的地质断层，其形成的原因不明，上新世中期此地为地中海所淹没，而与印度洋相互连通，后来受到尼罗河三角洲东部地壳隆起作用的结果，使得地峡隆起于地面，阻断了地中海与红海的相连。

苏伊士地峡位于埃及东北部，亚洲和非洲在苏伊士地峡处相连，整个地峡是平坦的沙漠地带，宽度为135千米，面积约有2万平方千米。地峡北部因靠近海岸，分布着

苏伊士地峡

地球的外貌　141

一连串的咸水湖、洼地与沼泽。

苏伊士地峡包括巴拿马地峡的伟大意义,在于他们是人类和动植物迁移的通道。来自基因和染色体的证据表明,人类的祖先来自非洲,"亚当"与"夏娃"是从东非出发,追随着猎物和可食用的植物,一步步向世界迁移的,终于布满了全世界。没有苏伊士地峡和巴拿马地峡,是无法理解人类的分布的。这其中如今已成为海峡的白令地峡也是功不可没的,当然在人类的迁移路线上,还有许多当时的地峡如今成了海峡。

八、克拉地峡

克拉地峡位于泰国春蓬府和拉廊府境内的一段狭长地带。为马来半岛北部最狭处,宽仅56千米。北连中南半岛,南接马来半岛,地峡以南约400千米(北纬7度~10度之间)地段均为泰国领土,最窄处50多千米,最宽处约190千米,最高点海拔75米。并且它的东西两海岸皆为基岩海岸,浪平风静。

连通海洋的海峡

海峡是海洋中连接两个相邻海区的狭窄水道。如连接我国大陆的台湾海峡;连接亚欧大陆和美洲大陆的白令海峡。莫桑比克海峡是世界上最长的海峡,全长1670千米。连接南海与安达曼海的马六甲海峡,长1080千米。

海峡是地壳运动造成的。地壳运动时,临近海洋的陆地断裂下沉,出现一片凹陷的深沟,涌进海水,把大陆与邻近的海岛,以及相邻的两块大陆分开,从而形成海峡。

通过海峡的水流湍急,水上层与下层的温度、盐度、水色及透明度都不一样。海底多为岩石和砂砾,几乎没有细小的沉积物。

海峡的地理位置特别重要,不仅是交通要道、航运枢纽,而且是历来兵家必争之地。因此,人们常称它们为"海上走廊"、"黄金水道"。

一、白令海峡

白令海峡是连接白令海与北极海的海峡(西经169度0分,北纬65度30

分），并在亚洲和北美洲大陆距离最近处将之分隔。长约60千米，宽35～86千米，平均深度约30～50米，最狭处约85千米（53海里）；峡内岛屿罗列，包括代奥米德群岛（约16平方千米〔6平方英里〕）及海峡南边的圣劳伦斯岛（约2560平方千米）。

白令海的部分海水流经本海峡入北极海，但大部分回流太平洋。冬季常有暴风雪，海面为1.2～1.5米厚的冰原所覆盖。仲夏仍有浮冰留存。在冰河时期，本区海平面下降数百呎（1呎≈30.48厘米），使海峡成为亚洲与北美洲之间的陆桥，于是发生大规模的植物、动物以及人类的迁徙（35000～20000年前）。

白令海峡的狭窄和水浅削弱了北冰洋和太平洋间深层水的交换。在距今1万年前的第四纪冰期时，海水低于现在海面100～200米，海峡曾是亚洲和北美洲间的"陆桥"，两洲的生物通过陆桥相互迁徙。海峡水道中心线既是俄罗斯和美国的国界线，又是亚洲和北美洲的洲界线，还是国际日期变更

白令海峡大桥

线。白令海峡地处高纬度，气候寒冷、多暴风雪和雾，尤其冬季，气温剧降，最低气温可达-45℃以下，海峡表层结冰，冰层厚达2米或更多，每年10月到次年4月是结冰期，严重影响航行。海峡中海水主要是从北冰洋流来沿海峡西岸流入白令海，来自太平洋的温暖海水沿海峡东岸流入北冰洋。海峡和沿岸地区生活着适宜冰雪生态环境的海豹、海象、海狗、海獭、海狮以及北极燕鸥等。

二、莫桑比克海峡

莫桑比克海峡是西印度洋的一条水道，是世界上最长的海峡，东为马达

地球的外貌
DIQIU DE WAIMAO

莫桑比克海峡航拍图

加斯加岛,西为莫桑比克。科摩罗群岛横列海峡北端,印度礁和欧罗巴岛位于海峡南口。

莫桑比克海峡全长1670千米,呈东北斜向西南走向。海峡两端宽中间窄,平均宽度为450千米,北端最宽处达到960千米,中部最窄处为386千米。峡内大部分水深在2000米以上,在北端与南端超过3000米,中部约2400米,最大深度超过3500米,深度仅次于德雷克海峡和巴士海峡。峡内海水表面年平均温度在20℃以上,炎热多雨,夏季时有因气流交汇而产生的飓风。由于水深峡阔,巨型轮船可终年通航。海峡盛产龙虾、对虾和海参,并以其肉质鲜嫩肥美而享誉世界市场。有莫桑比克暖流南下,气候湿热,多珊瑚礁,赞比西河从西岸注入。为东非重要航道,两岸港口有马任加、图莱亚尔、马普托、莫桑比克和贝拉。

莫桑比克海峡地处热带,莫桑比克暖流自北向南流,终年炎热多雨,海峡两岸地形复杂。马达加斯加的西北岸为基岩海岸,蜿蜒曲折,穿插着珊瑚礁和火山岛。莫桑比克北部海岸,为犬齿形侵蚀海岸。由此往南,海峡两岸都为沙质冲积海岸,发育着沙洲和河口三角洲。惟独赞比西河口两侧,为红树林海岸。

据地质学家研究,在1亿多年以前,马达加斯加岛是和非洲大陆连在一起的,后来地壳变迁,岛的西部下沉,才形成了这条又长又宽的海峡。海峡两侧陆架狭窄,陆坡陡峭。海底由戴维海岭、莫桑比克海盆、马达加斯加边缘台地和科摩罗海盆组成。戴维海岭纵贯海峡中部。海岭的西南面为莫桑比克海盆,因有戴维海岭的屏障,海盆北部沉积物较厚,南部则较浅。海峡底部的沉积物随地形而不同。东西两侧陆架以沙为主,从陆架往外到2000米等深线处，以粉沙为主，中部 2000 米以上的深海主要为粉沙质黏土。

早在 10 世纪以前，阿拉伯人就经过莫桑比克海峡，来到莫桑比克地区建立据点，进行贸易。莫桑比克海峡是从南大西洋到印度洋的海上交通要道，波斯湾的石油有很大一部分要通过这里运往欧洲、北美，成为世界上最繁忙的航道之一，战略地位十分重要。特别是苏伊士运河开凿之前，它更是欧洲大陆经大西洋、好望角、印度洋到东方去的必经之路。苏伊士运河开凿，一些巨型油轮不能通过苏伊士运河而需从该海峡通过，海峡的平均宽度有 450 千米，北端最宽处达 960 千米，最深点为 3533 米，从波斯湾驶往西欧、南欧和北美的超级油轮，都是通过这条海峡，再经好望角驶往各地，因此它是南大西洋和印度洋之间的航运要道。

三、马六甲海峡

马六甲海峡是位于马来半岛与苏门答腊岛之间的海峡。是连接安达曼海（印度洋）和南海（太平洋）的水道，西岸是印度尼西亚的苏门答腊岛，东岸是西马来西亚和泰国南部，面积为 65000 平方千米。海峡长度为 800 千米，状似漏斗，其南口宽只有 65 千米，向北渐宽，到印尼的沙璜和泰国的克拉地峡之间的北口已宽达 249 千米。

马六甲海峡呈东南—西北走向。它的西北端通印度洋的安达曼海，东南端连接南中国海，是连接沟通太平洋与印度洋的国际水道，也是亚洲与大洋洲的十字路口。

马六甲海峡因沿岸有马来西亚——古城马六甲而得名。海峡现由新加坡、马来西亚和印度尼西亚 3 国共管。海峡处于赤道无风带，全年风平浪静的日子很多。海峡底质平坦，多为泥沙

马六甲海峡日出

地球的外貌

质，水流平缓。

马六甲海峡东端有世界大港新加坡，海运繁忙。每年约有 10 万艘船只（大多数为油轮）通过海峡。日本从中东购买的石油，绝大部分都是通过这里运往国内的。

从地质上看，马六甲海峡是巽他陆棚的组成部分，在第四世纪开始阶段（大约 160 万年前）是一片延绵的低地，自第三世纪后期（大约 700 万年前）至今似未曾受到过地壳运动的影响，目前的轮廓是因后冰期高纬地区的陆冰融化而上涨的海水浸泡而成。

马六甲海峡的两岸常可看见海岸沼泽，沿苏门答腊东部的海岸便有一处面积很大、地势低洼的沼泽林。海峡两岸均泥沙淤积，大河口附近泥沙淤积外展程度不等，在马来亚沿海，每年泥沙淤积外展幅度约为 9 米，而到苏门答腊东部沿海则约为 200 米。

四、台湾海峡

台湾海峡是我国最大海峡，在我国台湾省与福建省之间，为一条东北—西南走向的宽阔水道，属于东海，宽约 150 千米，最狭处为 135 千米，面积 6 万多平方千米。因它濒临我国第一大岛台湾，人们称它为台湾海峡。台湾海峡，纵贯我国东南沿海，由南海北上，或由渤海、黄海、东海南下，必须经过这里，俗称为我国的"海上走廊"。为东海、南海间航运要道。

台湾海峡具有重要的国际航运价值，东北亚各国与东南亚、印度洋沿岸各国间的海上往来，绝大多数从这儿经过。但台湾海峡属我国管辖海域，根据《联合国海洋法公约》的规定，从这儿经过的外国船舰，必须实行无害通过，不能影响我国的和平与安全，不得损害我国人民的生活与劳动秩序。

台湾海峡在漫长的地质时期里，经历了多次的沧桑变化。大约在 7000 万年前，台湾海峡还是华夏古陆边缘的海槽。到了距今 4000 万年时，受到喜马拉雅造山运动的影响，这里便从海槽上升变成陆地，台湾岛与大陆相连。那时，海峡地区是一片平原。从这以后，海峡地区有时候升起，有时被水分开。距今约 1.5 万年时，我国正处在大理冰期，冰川扩大，海平面下降，海峡又变成陆地，生长着茂盛的野草和森林，遍地是成群的牛、马和羊群，猛犸象也跑到这里寻食。这种光景过了约5000年,在距今1万年时,气候又变暖了,冰川融化,海平面再次上升,海峡又由"风吹草低见牛羊"的草原,变为鱼虾欢游的海洋。直到今天,还是波涛汹涌。

海峡两岸地貌形态差别挺大。西岸,多为岩石海岸,岸线曲折多湾,悬崖峭壁,奇石异峰,海洞岬角,海岛密布。福建省有大小港湾30多个,海岛600多个。海峡东岸多为沙岸,岸线比较平直,地势较为低缓,沙滩淤浅明显,深水区离岸较远,天然良港较少。由台湾山地下来的河流,挟带大量

台湾海峡

泥沙入海,形成滨海冲积平原,不断向海峡扩展。目前,台湾地壳仍处缓慢上升时期,台湾岛陆地面积还在逐渐扩大。

台湾海峡处在亚热带气候区,西北部受大陆和沿岸冷海流的影响较大,东南部受海洋和台湾暖流影响较多。冬季,海峡气温低于两岸,东岸气温又高于西岸,平均气温约15℃;夏季,温度较高,可达28℃。台湾海峡风浪比较强烈,尤其在冬季半年,偏北季风的势力大,几乎三天两头刮大风;大风吹起巨浪,高达6~9米。夏季多偏南风,风力较小,海峡比较平稳。但在七八月份,台风盛行期。遇到台风经过这里,就会带来暴雨巨浪和风暴潮。如果恰遇天文大潮,沿岸水位暴涨起来,能严重威胁人民生命财产安全。在我国登陆的台风中,约有一半要袭击台湾海峡和两岸。

台湾海峡资源丰富。这里暖寒水流交汇,水交换畅通,鱼虾种类多,是我国重要渔场之一。主要渔产有:鲯鱼、鲨鱼、鱿鱼、鲷鱼、鲔鱼、鲻鱼、虱目鱼等,其中鲯、鲔和鲨为这里三大渔产。鲔鱼,每条平均50多千克,味道极好,又可生食。海峡两岸人工养殖牡蛎与虱目鱼很多。相传,郑成功收

地球的外貌
DIQIU DE WAIMAO

复台湾后,曾倡导人们饲养虱目鱼。这种鱼,体长可达1米多,肉白色,味鲜美。现在的养殖面积约上百万亩(1亩≈666.67平方米)。另外,两岸还养殖了各种贝藻类,其中连江县晓沃是著名的花蛤之乡。这里的石花菜、紫菜、龙须菜等也很多,尤以澎湖列岛的石花菜最为有名。紫菜以海潭岛的最好。

海峡底部富集油气资源,估计约有2万平方千米的地方,是很有希望的远景区。还有钛铁、磁铁、金红石、独居石和锆石等矿,品位高,储量大。

南极与北极

一、极地之南极

南极洲又称第七大陆,是地球上最后一个被发现、唯一没有土著人居住的大陆。南极大陆被人们通常所说的南大洋(太平洋、印度洋和大西洋的南部水域)所包围,它与南美洲最近的距离为965千米,距新西兰2000千米、距澳大利亚2500千米、距南非3800千米、距我国北京的距离约有12000千米。南极大陆的总面积为1390万平方千米,相当于我国和印巴次大陆面积的总和,居世界各洲第五位。整个南极大陆被一个巨大的冰盖所覆盖,平均海拔为2350米。南极洲是由冈瓦纳大陆分离解体而成,是世界上最高的大陆。南极横断山脉将南极大陆分成东西两部分。这两部分在地理和地质上差别很大。东南极洲是一块很古老的大陆,据科学家推算,已有几亿年的历史。它的中心位于南极点,从任何海边到南极点的距离都很远。东南极洲平均海拔高度2500米,最大高度4800米。在东南极洲有南极大陆最大的活火山,即位于罗斯岛上的埃里伯斯火山,海拔高度3795米,有四个喷火口。而南极洲面积只有东南极洲面积的一半,是个群岛,其中有些小岛位于海平面以下。但所有的岛屿都被大陆冰盖所覆盖。较古老的部分(包括有玛丽·伯德地南部、埃尔斯沃思地、罗斯冰架和毛德皇后地)有一由花冈岩和沉积岩组成的山系。该山系向南延伸至向北突出的南极半岛的中部。西南极洲的北部,即较高的部分是由第三纪地质时期的火山运动所造成的。南极洲的最高处——

文森山地（5140米）位于西南极洲。南极大陆98%的地域被一个直径为4500千米永久冰盖所覆盖，其平均厚度为2000米，最厚处达4750米。南极夏季冰架面积达265万平方千米，冬季可扩展到南纬55度，达1880万平方千米。总贮冰量为

南极冰山

2930万立方千米，占全球冰总量的90%。如其融化全球海平面将上升大约60米。南极冰盖将1/3的南极大陆压沉到海平面之下，有的地方甚至被压至1000米以下。南极冰盖自中心向外扩展，在山谷状地形条件下，冰的运动呈流动状，于是形成冰川，冰川运动速度从100米~1000米不等。每年因断裂而被排入海洋巨型冰块则形成冰山。沿海触地冰山可存在多年，未触地冰山受潮汐与海流作用漂移北上而逐渐融化。南极素有"寒极"之称，南极低温的根本原因在于南极冰盖将80%的太阳辐射反射掉了，致使南极热量入不敷出，成为永久性冰封雪覆的大陆。南极仅有冬、夏两季之分。每年4~10月为冬季，11月~次年3月为夏季。南极沿海地区夏季月平均气温在0℃左右，内陆地区为-15℃~-35℃；冬季沿海地区月平均气温在-15℃~-30℃，内陆地区为-40℃~-70℃。前苏联的"东方"站记录到的南极最低气温为-88.3℃。南极气温随纬度与海拔的升高而下降。南极虽然贮藏了全球75%的淡水资源，但因其是以永久固态方式存在的，所以南极又是异常干旱的大陆，素有"白色沙漠"之称。南极年平均降雨量为120~150毫米，沿海地区为900毫米，内陆地区仅为50毫米。有些地区仅为20~30毫米。南极"西风带"是海上航行最危险的地区，在南纬50度~70度，自西向东的低压气旋接连不断，有时多达6~7个，风速可达85千米/小时。而自南极大陆海拔高

地球的外貌
DIQIU DE WAIMAO

的极点地区向地势低缓的沿海地区运动的"下降风",风势尤为强烈,其速度最大可达到 300 千米/小时,有时可连刮数日。

南极洲原是古冈瓦那大陆的核心部分。大约在 1.85 亿年前古冈瓦那大陆先后分裂为非洲南美洲板块、印度板块、大洋洲板块并相继与之脱离。大约在 1.35 亿年前非洲南美板块一分为二,形成了非洲板块与南美板块。大约在 5500 万年前大洋洲板块最后从古冈瓦那大陆上断裂下来飘然北上,于是只剩下了南极洲。东南极与西南极在地质上截然不同。东南极是一个古老的地盾,距今约 30 亿年。而西南极是由若干板块组成,在地质年龄上远比东南极年轻。

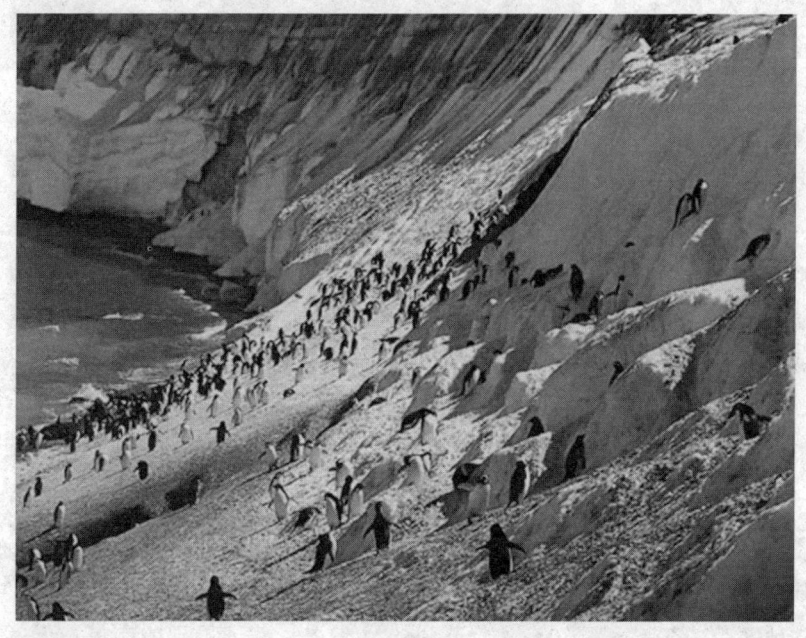

南极企鹅

南极洲是个巨大的天然"冷库",是世界上淡水的重要储藏地。

南极洲蕴藏的矿物有 220 余种。主要有煤、石油、天然气、铂、铀、铁、锰、铜、镍、钴、铬、铅、锡、锌、金、铜、铝、锑、石墨、银、金刚石等。主要分布在东南极洲、南极半岛和沿海岛屿地区。如维多利亚地有大面积煤田,南部有金、银和石墨矿,整个西部大陆架的石油、天然气均很丰富,查尔斯王子山发现巨大铁矿带,乔治五世海岸蕴藏有锡、铅、锑、钼、锌、铜等,南极半岛中央部分有锰和铜矿,沿海的阿斯普兰岛有镍、钴、铬等矿,桑威奇岛和埃里伯斯火山储有硫磺。根据南极洲有大煤田的事实,可以推想它曾一度位于温暖的纬度地带,才能有茂密森林经地质作用而形成煤田,后来经过长途漂移,才来到现今的位置。

南极洲腹地几乎是一片不毛之地。那里仅有的生物就是一些简单的植物和一两种昆虫。但是,海洋里却充满了生机,那里有海藻、珊瑚、海星和海绵,大海里还有许许多多叫做磷虾的微小生物,磷虾为南极洲众多的鱼类、海鸟、海豹、企鹅以及鲸提供了食物来源。

气候严寒的南极洲,植物难于生长,偶能见到一些苔藓、地衣等植物。海岸和岛屿附近有鸟类和海兽,鸟类以企鹅为多。夏天,企鹅常聚集在沿海一带,构成有代表性的南极景象。海兽主要有海豹、海狮和海豚等。大陆周围的海洋,鲸成群,为世界重要的捕鲸区。由于捕杀过甚,鲸的数量大为减少,海豹等海兽也几乎绝迹。南极附近的海洋中还有极多营养丰富的小磷虾。估计年捕获量可达 10.5 亿吨,可供人类对水产品的需求。

二、极地之北极

北极是指北纬 66 度 34 分(北极圈)以北的广大区域,也叫做北极地区。北极地区包括极区北冰洋、边缘陆地海岸带及岛屿、北极苔原和最外侧的泰加林带。如果以北极圈作为北极的边界,北极地区的总面积是 2100 万平方千米,其中陆地部分占 800 万平方千米。也有一些科学家从物候学角度出发,以 7 月份平均 10℃等温线(海洋以 5℃等温线)作为北极地区的南界,这样,北极地区的总面积就扩大为 2700 万平方千米,其中陆地面积约 1200 万平方千米。而如果以植物种类的分布来划定北极把全部泰加林带归入北极范围,北极地区的面积就将超过 4000 万平方千米。北极地区究竟以何为界,环北极国家的标准也不统一,不过一般人习惯于从地理学角度出发,将北极圈作为北极地区的界线。

北极地区属不折不扣的冰雪世界,但由于洋流的运动,北冰洋表面的海冰总在不停地漂移、裂解与融化,因而不可能像南极大陆那样经历数百万年

地球的外貌
DIQIU DE WAIMAO

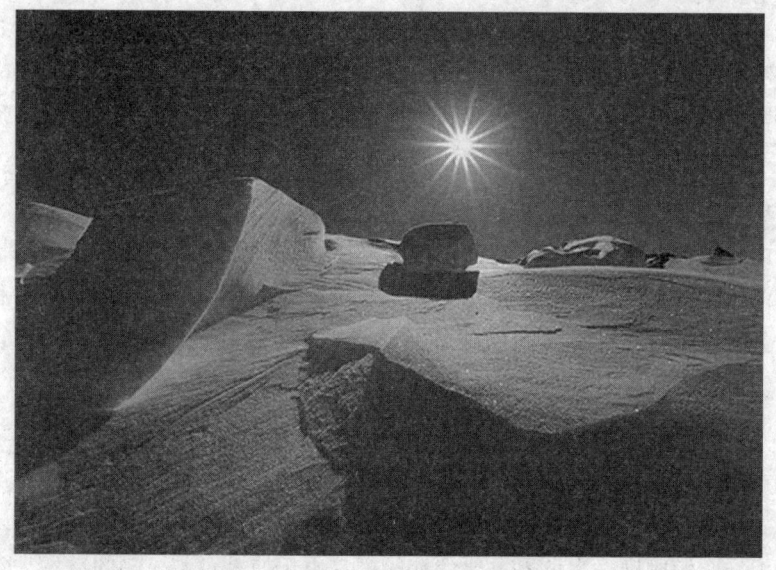

北极世界——冰雪世界

积累起数千米厚的冰雪。所以，北极地区的冰雪总量只接近于南极的 1/10，大部分集中在格陵兰岛的大陆性冰盖中，而北冰洋海冰、其他岛屿及周边陆地的永久性冰雪量仅占很小部分。

北冰洋表面的绝大部分终年被海冰覆盖，是地球上唯一的白色海洋。北冰洋海冰平均厚 3 米，冬季覆盖海洋总面积的 73%，有 1000 万～1100 万平方千米，夏季覆盖 53%，有 750 万～800 万平方千米。中央北冰洋的海冰已持续存在 300 万年，属永久性海冰。

北极地区海冰南界不固定，随着水文气象条件的变化，往往能变动几百千米。在风和海流的作用下，浮冰可叠积并形成巨大的浮冰山。通常所见的绝大多数冰山指的是那些从陆缘冰架或大陆冰盖崩落下来的直径大于 5 米的巨大冰体。大型的桌状冰山的厚度一般可达 200～300 米，平均寿命长达 4 年。如果运气好，还可以看到特别巨大的冰山，长数十千米，像一片白色的陆地横亘在暗灰的海面上。

尽管北冰洋的大部分洋面被冰雪覆盖，但冰下的海水也像全球其他大洋的海水一样在永不停息地按照一定规律流动着。如果说潮汐是大海的脉搏，那么海水的环流就是大海的生命。在北冰洋表层环流中起主要作用的是两支海流：一支是大西洋洋流的支流——西斯匹次卑尔根海流，这支高盐度的暖流从格陵兰以东进入北冰洋，沿陆架边缘作逆时针运动；另一支是从楚科奇海进来，流经北极点后又从格陵兰海流出，并注入大西洋的越极洋流（东格陵兰底层冷水流）。它们共同控制了北冰洋的海洋水文基本特征，如水团分布，北冰洋与外海的水交换等。

北冰洋周边的陆地区可以分为两大部分：一部分是欧亚大陆，另一部分是北美大陆与格陵兰岛，两部分以白令海峡和格陵兰海分隔。如果用地质学家的眼光来看，这两部分陆地有很多相似之处，它们都是由非常古老的大隐性地壳组成的。而北冰洋（大洋性地壳）年龄则年轻得多，是0.8亿年前的白垩纪末期才由于板块扩张而开始出现的。

北冰洋海岸线曲折，类型多，有陡峭的岩岸及峡湾型海岸，有磨蚀海岸、低平海岸、三角洲及泻湖型海岸和复合型海岸。宽阔的陆架区发育出许多浅水边缘海和海湾。北冰洋中岛屿众多，总面积约380万平方千米，基本上属于陆架区的大

美丽的北极光

陆岛。其中最大的岛屿是格陵兰岛，面积218万平方千米，比西欧加上中欧的面积总和还要大一些，因此也有人称之为格陵兰次大陆。格陵兰岛现有居民约60000人，其中90%是格陵兰人，其余主要为丹麦人。最大的群岛则是加拿大的北极群岛，由数百个岛屿组成，总面积约160万平方千米。群岛中面积最大的是位于东北的埃尔斯米尔岛，该岛北部的城镇阿累尔特已经超过北纬82度，因而是当今许多北极点探险队的出发地。

地球的外貌

　　北极有无边的冰雪、漫长的冬季。北极与南极一样有极昼和极夜现象越接近北极点越明显。北极的冬天是漫长、寒冷而黑暗的从每年的 11 月 23 日开始有接近半年时间将是完全看不见太阳的日子。温度会降到 -50℃多。此时所有海浪和潮汐都消失了因为海岸已冰封只有风裹着雪四处扫荡。

　　到了 4 月份天气才慢慢暖和起来冰雪逐渐消融大块的冰开始融化、碎裂、碰撞发出巨响；小溪出现潺潺的流水；天空变得明亮起来太阳普照大地。五六月份植物披上了生命的绿色动物开始活跃并忙着繁殖后代。在这个季节动物们可获得充足的食物积累足够的营养和脂肪以度过漫长的冬季。

　　北极的秋季非常短暂，在 9 月初第一场暴风雪就会降临。北极很快又回到寒冷、黑暗的冬季。在北极太阳永远升不到高空中即使在仲夏时节它升起的角度也不超过 23.5 度。北极的年降水量一般在 100~250 毫米，在格陵兰海域可达 500 毫米降水，集中在近海陆地上最主要的形式是夏季的雨水。